U0162521

KUWEI

酷威文化

图书 影视

从一到无穷大

科学中的事实与猜想

[美] 乔治·伽莫夫 著　　李冰奇 译

One

Two

Three

⋮

Infinity

台海出版社

图书在版编目（CIP）数据

从一到无穷大 / （美）乔治·伽莫夫著；李冰奇译.
-- 北京：台海出版社，2023.1
ISBN 978-7-5168-3384-1

Ⅰ.①从… Ⅱ.①乔… ②李… Ⅲ.①自然科学－普
及读物 Ⅳ.① N49

中国版本图书馆 CIP 数据核字 (2022) 第 162796 号

从一到无穷大

著　者：[美] 乔治·伽莫夫		译　者：李冰奇
出 版 人：蔡　旭		责任编辑：俞滟荣

出版发行：台海出版社
地　　址：北京市东城区景山东街 20 号　　邮政编码：100009
电　　话：010-64041652（发行，邮购）
传　　真：010-84045799（总编室）
网　　址：www.taimeng.org.cn/thcbs/default.htm
E - mail：thcbs@126.com

经　　销：全国各地新华书店
印　　刷：天津鑫旭阳印刷有限公司
本书如有破损、缺页、装订错误，请与本社联系调换

开　　本：880 毫米 ×1230 毫米　　1/32
字　　数：273 千字　　　　　　　　印　张：8
版　　次：2023 年 1 月第 1 版　　　印　次：2023 年 1 月第 1 次印刷
书　　号：ISBN 978-7-5168-3384-1

定　　价：39.80 元

献给我的儿子伊戈尔
一个想成为牛仔的小伙子

"是时候了，"海象说，"要谈的东西多着呢。"

——刘易斯·卡罗尔，《爱丽丝镜中奇遇记》

目录

谈一谈原子、恒星和星云，讲一讲熵和基因；怎么扭曲空间，火箭如何发射。没错，我们将在这本书里探讨以上所有问题，还有许多其他同样有趣的问题。

最初决定写这本书，是想收集当代科学中最有趣的事实和理论，将如今科学家眼中的宇宙在微观与宏观层面的形象大体地呈现在读者面前。当这个宏大的计划开始实施时，我不打算讲得面面俱到，否则这本书就会变成好几卷的百科全书了。同时，我们要探讨的课题也是经过挑选的，以便简明扼要又毫无遗漏地介绍基础科学领域的知识。

选题的标准是重要性和趣味等级，而非难易程度，这种做法必然会导致内容不太均衡。书中某些章节的知识非常简单，就连孩童也能理解，而另一些章节的内容需要一点专注力，甚至可能做点研究才能完全理解。不过，希望普通读者在读这本书时不会遇到太大的困难。

您可能会注意到，书中最后一部分讨论"宏观宇宙"的篇幅明显比讨论"微观宇宙"的篇幅要短得多。这主要是因为笔者已经在《太阳的诞生和死亡》（*The Birth and Death of the Sun*）和《地球传记》（*Biography of the Earth*）这两本书中详细讨论了许多有关宏观宇宙的问题，在这里再详细讨论的话无疑是一种冗长乏味的重复。

因此，在这本书里我只大体讲述行星、恒星和星云的物理事实和重大事件，以及它们遵循的规律，只有在讨论近几年一些新的科学发现时才会稍作详细讲解。基于这一原则，我留意了近期一些观点：被称为"超新星爆炸"的巨大恒星爆炸是由现今物理学中已知的最小粒子引起的，即所谓的"中微子（neutrinos）"。我还注意到新近的行星理论，该理论颠覆了目前所公认的观点——行星是太阳和其他恒星碰撞的产物,并将康德(Kant)和拉普拉斯(Laplace)[1]那些快被遗忘的旧观点重新摆上台面。

我要向许多艺术家和插画家表达谢意,他们的作品经过拓扑变换(见第二部分,第三章),为本书中的许多插图打下了基础。我最要感谢的是我年轻的朋友玛丽娜·冯·诺依曼(Marina von Neumann)[2],她声称自己什么都懂,比她那位著名的父亲[3]懂得还要多,当然,除了数学。她说对于数学,她懂得和她父亲一样多。玛丽娜读了本书手稿中的几章,然后告诉我:她看不懂的东西不计其数,我这才确定:这本书不像我最初希望的那样适合孩子们阅读。

乔治·伽莫夫
1946 年 12 月 1 日

---

① 指康德-拉普拉斯星云说。——译者注

② 玛丽娜生于 1935 年,在作者写作此书时她才 11 岁。——译者注

③ 她的父亲是约翰·冯·诺依曼(John von Neumann, 1903—1957),美籍匈牙利裔数学家、计算机科学家、物理学家,是 20 世纪最重要的数学家之一,被后人称为“现代计算机之父”“博弈论之父”。——译者注

1961 年版前言

一般来说，所有关于科学的书籍在出版几年后都可能会过时，尤其是那些发展迅猛的科学分支。从这个层面来说，我 13 年前首次出版的《从一到无穷大》一书是幸运的。它是在一些科学研究取得重大进展之后不久写成的，因此这些重大的科学进展也幸运地被囊括其中，但为了使书稿的内容能够与时俱进，此次我又做了少量的修改和添加。

这些重要进展包括原子能的成功释放，具体表现形式为基于热核反应的氢弹爆炸，科学家的下一个目标是实现热核过程的可控能量释放。由于核聚变原理及其在天体物理学中的应用已在本书第一版的第十一章中有过介绍，因此，此次出版只在第七章的末尾添加一些新的资料，便足以囊括人类科学目标上的最新进展了。

其他的变化包括：我们估算的宇宙年龄从 20 亿到 30 亿年增加到现在的 50 亿年甚至更久。我还通过在加州帕洛马山上使用新型 200 英寸海尔望远镜进行勘测得到的结果，修正了天文学距离尺度。

基于近期生物、化学的进展情况，我决定重新绘制图 101，与之相关的文本也要进行修改，第九章末尾提到的有关简单生命体的合成反应也需要添加新的资料。我曾在本书第一版的第 266 页写过："是的，生命体和非生命体之间依然存在一个过渡阶段，也许在不远的将来，某个才华横溢的生物学家或化学家能够用普通的化学元素合成一个病毒分子，届时，他将大声向世界宣告：'我刚刚把生命的气息注入了一块没有生命的物质当中！'"几年前，这件事已经有人在加利福尼亚完成了，或者说几乎完成了，诸位读者可以在本书第九章的末尾找到这一事件的简单介绍。

还有一处改动：本书的第一版题记中写的是"献给我的儿子伊戈尔，

一个想成为牛仔的小伙子。"许多读者写信问我他是否真的成了一个牛仔。答案是否定的：今年夏天，他将从生物学专业毕业，并计划从事遗传学方面的工作。

乔治·伽莫夫

科罗拉多大学

1960 年 11 月

第一卷

数字游戏

第一章　大数字

1. 你能数到几?

我们来讲这么一个故事,两位匈牙利贵族决定玩一个游戏——"谁说的数字大谁就赢"。

"好吧,"其中一位说,"你先说。"

经过几分钟的苦思冥想,另一位贵族终于说出了他能想到的最大数字。

"3。"他说。

现在轮到第一位贵族思考了,不过一刻钟之后,他却放弃了。

"你赢了。"他说道。

显然这两位匈牙利贵族看上去不太聪明[1],但这个故事可能只是在恶意诽谤。如果这两个人不是匈牙利人,而是霍屯督人,那么这样的对话或许真的会发生。根据一些比较权威的非洲探险家的说法,很多霍屯督人部落的词汇中都没有大于3的数。如果你问部落里的某个人,他有几个儿子或杀了多少敌人,答案要是超过三个,他就会回答:"很多。"所以,在霍屯督人的世界里,凶猛的战士们在数数方面的造诣还不如幼儿园的孩子,孩子们可是能从1数到10呢!

如今,说起写数字,我们想写多大的数就能够写出多大的数——不管是以美分计的军事级别的花销,还是以英寸计的恒星级别的距离——只要在某个数字的右边加上足够的0就行了。你可以一直加0加到手酸,然后,一不留神你就会写出一个比宇宙中的原子总数[2]还要大的数字,顺带一提,宇宙中的原子总数是 3×10^{74}。

数字"10"右上角那个小小的数字"74",表示3的后面有多少个0,换句话说,3必须乘以74次10。

但这种"简易算法"体系在古代并不为人所知。事实上,这种算法体系是由一个不知名的印度数学家在不到2000年前发明的。在他这一伟大发

---

[1] 同一个故事集中的另一个故事也印证了这种说法:一群匈牙利贵族在阿尔卑斯山徒步旅行时迷路了。其中一个人拿出一张地图,看了好一会儿,说:"现在我知道我们在哪儿了!""在哪儿?"其他人问。"看到那边的大山了吗?我们现在就在那座山的山顶上。"

[2] 在我们现在最大的望远镜能望到的范围内测量。

明问世之前——虽然通常情况下我们意识不到，但这确实是个伟大的发明——人们会用一种特殊的符号来表示我们现在称之为十进制单位的东西，并且有多少个单位，就将这个符号重复多少次。例如，数字8732在古埃及文字中是这样写的：

恺撒办公室的职员则会用这种写法：

MMMMMMMMDCCXXXII

后一种符号你一定很熟悉，因为现在我们还会时不时用到罗马数字——用来表示一本书的卷数或章节，或在某座华丽的纪念碑上标识某个历史事件的日期。然而，由于古人能用到的数字不会超过几千，不存在更大的十进制单位符号。因此，即使是算术造诣再高的古罗马人，面对"写出100万"这个要求，也是会手足无措的。毕竟要遵从这个要求的话，他只能连续写1000个"M"，这项辛苦的工作可得花上好几小时呢（图1）。

图1 一位酷似奥古斯都·恺撒的古罗马人试图用罗马数字写出100万。墙上所有可用的空间也不够写出10万

　　对古人来说，天上的星星、海里的鱼、海滩上的沙粒……这些庞大的数目都是"没法数"的，正如对霍屯督人来说，"五"是没法数的，于是就变成了"很多"。

　　公元前 3 世纪的著名科学家阿基米德（Archimedes）用他伟大的大脑证明了书写庞大数字是可行的。他在专著《数沙者》（*The Psammites*）中写道：

　　"有些人认为沙粒的数目是无穷大的；我所说的沙粒不仅指锡拉丘兹和西西里岛的沙粒，还指地球上所有有人或无人居住的地方的沙粒。还有一些人，虽然不认为沙粒的数目是无穷大的，但他们却认为没有一个数字能大到可以描述地球上沙粒的数目。持有这种观点的人同样认为，如果将这些沙子想象成一个和地球一样大的庞然大物，里面所有的海洋和盆地都被沙粒堆满了，甚至堆得和山峰一样高，那么更没有一个数字能比堆满这些海洋和盆地所需要的沙粒的数目更大。但是我将证明，我的方法不仅能够描述出地球上所有沙粒的数目，甚至还能描述出填满宇宙所需的沙粒数目。"

　　阿基米德在这部专著中提出的描述大数字的方法与现代科学中的相似。他从古希腊算术中存在的最大数字"myriad"（即 1 万）开始。引入一个新数字"myriad myriad"（1 万的 1 万倍，即 1 亿），他称之为"Octade"，或者说"第二级单位"。以此类推，"Octade octades"（1 亿的 1 亿倍，即 1 亿亿）则被称为"第三级单位"，"Octade octade octades"则被称为"第四级单位"。

　　在今天看来，书写大数字如果要占掉一本书中好几页的篇幅，实在显得过于烦琐，但在阿基米德时代，书写大数字的方法可是一项伟大的发现，也是数学科学前进中的重要一步。

　　为了计算出填满整个宇宙所需的沙粒数目，阿基米德必须知道宇宙有多大。在他那个时代，人们相信宇宙被一个水晶球包裹着，星星都镶嵌在水晶球的球壁上。与阿基米德同时代的萨摩斯著名天文学家阿里斯塔克斯（Aristarchus）曾估算出地球到水晶球球壁的距离是 100 亿视距，即 10 亿英里[①]。

　　阿基米德把这个水晶球球体的体积和一粒沙子的大小进行了对比，并进行了一系列足以让高中生做噩梦的计算，最后得出了这样的结论：

---

① 希腊距离单位，1 视距等于 606 英尺 6 英寸，即 188 米。

"很明显，填满阿里斯塔克斯估算出的宇宙水晶球球体所需的沙粒数量不会超过 1000 万个第八级单位。"[①]

不难注意到，阿基米德对宇宙半径的估算尺寸远小于现代科学家们的估算尺寸。10 亿英里的距离还不如太阳系中地球到土星的距离长。稍后我们就会讲到，如今望远镜探索到的宇宙范围已经达到了 5×10^{21} 英里，所以填满整个可见宇宙所需的沙粒数量肯定会超过 10^{100}（也就是 1 后面 100 个 0）。

这个数显然比本章开头提到的宇宙原子总数 3×10^{74} 要大得多，但不要忘了，宇宙并非填满了原子。事实上，在宇宙中，每立方米的空间内平均下来大约只有 1 个原子。

其实想得到庞大的数字，我们完全没有必要采用将沙子填满整个宇宙这么极端的行为。事实上，庞大的数字经常出现在乍一看极其简单的问题中，你甚至会觉得在这些问题中永运用不到超出几千的数字。

印度的舍罕王（King Shirham）便是深受这种庞大数字荼毒的人。传说称，当时古印度王朝的大臣西萨·本·达希尔（Sissa Ben Dahir）发明了国际象棋，并敬献给了舍罕王，舍罕王高兴之余想要给他奖赏。这位聪明的大臣提出了一个看似所求甚少的请求。"陛下，"他跪在国王面前说，"请在棋盘的第一格中放 1 粒小麦，第 2 格中放 2 粒，第三格中放 4 粒，第四格中放 8 粒。以此类推，每个格中的小麦数量是前一个格中数量的两倍，我的王，请您赐予我足以覆盖 64 个方格的麦粒就可以啦。"

"哦，我忠实的仆人，你所求确实不多。"国王心里窃喜，以为这位神奇游戏的发明者开出的赠礼提议并不会花费他多少财富。"我一定要满足你的这个愿望。"说完，他吩咐人送来了一袋小麦。

---

① 用我们习惯的方法表示就是：1000 万（10,000,000）× 第二级单位（100,000,000）× 第三级单位（100,000,000）× 第四级单位（100,000,000）× 第五级单位（100,000,000）× 第六级单位（100,000,000）× 第七级单位（100,000,000）× 第八级单位（100,000,000），或简单表示为：10^{63}（也就是 1 加 63 个 0）。

图 2　数学造诣颇高的大臣西萨·本·达希尔正在向印度舍罕王讨要自己的封赏

结果开始数麦粒之后，第一格 1 粒，第二格 2 粒，第三格 4 粒，以此类推，才数到第 20 格，袋子就空了。舍罕王又让人拿来一袋又一袋的小麦，然而每一格所需的小麦数量增长得太快，很快众人就发现，即使把全国所有的小麦都拿来，也无法满足舍罕王对西萨·本·达希尔的承诺。如果要信守诺言，需要 18,446,744,073,709,551,615 粒小麦！[①]

这位聪明的大臣所要求的麦粒数量可以用这种方式计算：

$$1+2+2^2+2^3+2^4+\cdots\cdots+2^{62}+2^{63}。$$

这个数字虽然没有宇宙中的原子总数那么大，但依然是个相当大的数字。假设 1 蒲式耳[②]的小麦大约是 500 万粒，那么，满足西萨·本·达希尔的要求大约需要 4 万亿蒲式耳小麦。世界小麦年产量的平均值约为 20

① 在数学中，每个数字按照相同的倍数（此例中倍数为 2）递增而形成的数列被称为等比数列。可以证明，等比数列中所有项的总和的计算方法为：将公比（此例中为 2）的项数次幂（此例中为 64）减去第一项（此例中为 1），再将得到的结果除以上述提到的公比减 1。表示方法如下：

$$\frac{2^{63} \times 2 - 1}{2 - 1} = 2^{64} - 1$$

得出的结果就是：18,446,744,073,709,551,615。

② 蒲式耳，计量单位。1 美制蒲式耳≈35.24 升，1 英制蒲式耳≈36.37 升。

亿蒲式耳，那么西萨·本·达希尔要求的小麦数量就是世界小麦年产量的
2000 倍！

就这样，舍罕王发现自己欠了西萨·本·达希尔一大笔债，如果不
硬着头皮还债的话，就只能砍掉这位大臣的脑袋。我们怀疑他最终选择了
后者。

印度还有一则关于庞大数字的故事，它与"世界末日"有关。对数
学情有独钟的历史学家 W. W. R. 鲍尔（W. W. R. Ball）[1] 是这样描述这个故
事的：

在瓦拉纳西的神庙里，标志着世界中心的穹顶之下有一只黄铜盘子，
上面镶嵌着 3 根钻石针，每根都有 1 腕尺高（大约 20 英寸），和蜜蜂的身
体一样粗。创始之初，神在其中一根针上放了 64 片纯金圆盘，最大的那片
直接放在黄铜盘中，其他的圆盘堆叠在上面，直径也逐渐缩小。这便是梵
塔。值班的僧侣昼夜不停地将圆盘从一根钻石针移到另一根上，梵塔的永
恒之法规定，僧侣一次只能移动一片圆盘，并且牧师将圆盘转移到钻石针
上时，不得让较大的圆盘压在较小的圆盘上。当 64 片圆盘都从创世之时神
所放置的针上转移到另一根针上时，塔、庙以及婆罗门都将灰飞烟灭，世
界也将湮灭于轰鸣的霹雳之中。

故事中描述的场景如图 3 所示，只是图中显示的圆盘少了一些。你可
以用普通硬纸代替纯金圆盘，用长铁钉代替钻石针，自己制作这个印度传
说中的解谜玩具。不难发现，按照圆盘移动的基本规律，每一个圆盘的移
动次数都比上一个圆盘多一倍。第一个圆盘只需要移动一次，但后续每个
圆盘需要移动的次数都会以几何级数增长，因此，轮到第 64 片圆盘时，僧
侣所需要移动圆盘的总次数正好和西萨·本·达希尔所要求的小麦数量一
样多！[2]

---

[1] W. W. R. 鲍尔，《数学游戏与欣赏》（*Mathematical Recreation and Essays*，麦克米伦出
版公司，纽约，1939 年）。

[2] 如果我们只要移动 7 片圆盘，那么移动次数是：$1+2^1+2^2+2^3+\cdots\cdots+2^6$，即 $2^7-1=2\times2\times2\times2\times2\times2\times2-1=127$。如果移动圆盘的速度又快又准，大概需要一小时就能完成
任务。如果是 64 片圆盘，那么移动次数则是：$2^{64}-1=18,446,744,073,709,551,615$。正好等
于西萨·本·达希尔所求的小麦数量。

图 3　一位僧侣正在一尊巨大的梵天像前研究"世界末日"的问题。因为画太多圆盘比较困难，所以图中的纯金圆盘不足 64 个

那么，将梵塔上的 64 片圆盘从一根针转移到另一根针上需要多长时间呢？假设僧侣们夜以继日地工作，每移动一次圆盘需要耗时 1 秒钟，以一年大约 3155.8 万秒计算，完成这项工作所需的时间要比 58 万亿年还略久一些。

将这个传说预言的"世界末日"与现代科学预测的宇宙寿命做比较，也很有意思。根据现有的宇宙演化相关理论，恒星、太阳和包括我们的地球在内的行星，都是在大约 30 亿年前由不定形物质凝聚而成的。我们还知道，给恒星（特别是太阳）提供能量的"原子燃料"大约还可以维持 100 亿年到 150 亿年（见第十一章《创世日》）。因此，我们宇宙的总寿命肯定是不到 200 亿年，而不是印度传说中预估的 58 万亿年！但是，这毕竟只是一个传说！

文献中提及的最庞大的数字很可能与著名的"印刷行数数学问题"有关。假设我们制作了一台印刷机，它可以一行接一行、连续不断地工作，并能自动选择字母表中的字母和其他印刷符号。这台机器内有许多独立的圆盘，圆盘的边缘刻着整套的字母和符号。这些圆盘之间的齿轮咬合方式与汽车里程显示器的数字圆盘相同，圆盘每转一圈，就会带动下一个圆盘向前移动一格。滚筒上的纸张也会随着滚筒的移动被压到印刷筒上。制作这样的自动印刷机很容易，它的外观如图 4 所示。

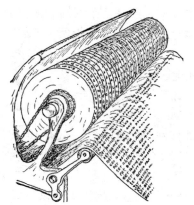

图 4　一台刚刚印刷了一行莎士比亚诗句的自动印刷机

我们开启这台机器，检查印刷机中源源不断印出的资料。大部分的内容完全没有任何意义，它们看起来是这样的：

"aaaaaaaaaaa……"

或者：

"boobooboobooboo……"

又或者：

"zawkporpkossscilm……"

不过既然这台机器能够印刷出所有字母和符号的组合，那么我们肯定能在这堆毫无意义的垃圾中发现一些有意义的句子。当然，也有很多没用的句子，比如：

"马有六条腿，而且……"

或者：

"我喜欢用松节油煮苹果……"

但只要仔细检查，就能发现里面还有莎士比亚写的每一句诗，甚至还有他自己扔进废纸篓里的那几句！

其实，这种自动印刷机可以印刷出人类学会写字以来所记录的一切：每一句散文和诗歌、每一份报纸上的社论和广告、每一部沉闷枯燥的科学专著、每一封情书、每一张给送奶工的便条……

此外，这台机器还可以印刷出未来几个世纪所有印刷的东西。在那旋转的印刷筒送出的纸上，我们可以找到 30 世纪的诗歌、未来的科学发现、美国第 500 届国会上的演讲稿，以及 2344 年行星之间交通事故的记录。我们还会看到无数尚未被人写出的短篇和长篇小说，如果出版商们的地下室里有这样的机器，他们只需要从一大堆垃圾中挑选出好的文章，再进行编辑就行了。

那我们为什么不能这样做呢？

好吧，让我们来计算一下这台机器要印多少行，才能展示出所有字母和印刷符号的全部组合。

英文字母表中共有 26 个字母，此外，还有 10 个数字（0，1，2……9）和 14 个常用符号（空格、句号、逗号、冒号、分号、问号、感叹号、破折号、连字符、引号、省略号、小括号、中括号、大括号），加起来共 50 个符号。假设这台机器有 65 个圆盘，也就是说每行可以印 65 个符号。每一行的第一个符号都随机选择，共有 50 种可能。那么第二行的符号同样有 50 种可能，所以这两个符号的组合就共有 $50 \times 50 = 2500$ 种可能。对于任意指定的前两个符号的组合来说，第三个符号依然拥有 50 种可能，以此类推。这样算下来，每一行可能的符号组合总数可以表示为：$50 \times 50 \times 50 \times \cdots \cdots \times 50$（65 个 50 相乘），或者 50^{65}，约等于 10^{110}。

为了感受这个数字的庞大程度，我们可以假设宇宙中的每个原子都代表一台独立的印刷机，那么现在我们就拥有了 3×10^{74} 台同时工作的印刷机。再假设这些印刷机自宇宙诞生以来一直在连续不断地工作，也就是工作了 30 亿年或 10^{17} 秒，它们的印刷速度等于原子的振动频率，也就是每秒印刷 10^{15} 行。那么到现在为止，它们应该已经印刷了约 $3 \times 10^{74} \times 10^{17} \times 10^{15} = 3 \times 10^{106}$ 行——这仅仅是所有任务的三千分之一。

没错，想从这些自动印刷出来的材料中挑选任何东西，都需要花费很长时间！

2. 如何数到无穷大

在上一节中，我们讨论了数字，其中许多都是相当大的数字。虽然有些数字庞大到令人难以置信（比如西萨·本·达希尔要求的麦子数量），但它们依然是有限的，如果有足够的时间，人们是可以将它们全部写完的。

但世上还有真正无穷大的数字，比我们不眠不休地写出的任何数字都要大。比如说，"所有数字的数量"显然是无穷大的，"直线上所有几何点的数量"也是无穷大的。除了"无穷大"以外，我们还有什么方法可以描述这些数字呢？或者说，我们能不能对两个不同的"无穷大"进行比较，看看哪个"更大"呢？

"所有数字的数量和直线上所有几何点的数量谁大谁小？"这样的问题有意义吗？著名数学家格奥尔格·康托尔（Georg Cantor）首先思考了这个乍一看似乎不切实际的问题，称他为"无穷算术"的创始人可谓是名副其实。

如果我们想要比较"无穷大"的大小，首要的问题是，这些数字我们既无法对其命名，也无法数清楚。而且，我们或多或少会面临类似这种情况：一位霍屯督人检查他的宝箱时，总想知道他拥有的玻璃珠更多还是铜币更多。但你们应该还记得，霍屯督人最多只能数到 3。那么，他会因为不会数数，就放弃比较玻璃珠和铜币的数量吗？当然不会。如果这位霍屯督人足够聪明，他就会将玻璃珠和铜币一对一地摆出来做比较。他可以将一颗玻璃珠放在一枚铜币旁边，另一颗玻璃珠放在另一枚铜币旁边，以此类推……如果他的玻璃珠先用完了，但铜币还剩下一些，他就会知道铜币比玻璃珠多；如果他的铜币用完了，而玻璃珠还剩下一些，就代表玻璃珠比铜币多；如果哪个也没剩下，就代表玻璃珠和铜币一样多。

康托尔提出的比较两个"无穷大"的方法与上述做法如出一辙：如果我们能把两个无穷大的数一一对应起来，且没有剩余，那么这两个无穷大的数就是相等的。反之，如果两个无穷大的数无法一一对应，导致某一个数中有落单的数字，那么我们就可以说有落单数字的数比另一个数更大，或更强。

这显然是比较"无穷大"的数最合理也是唯一可能的方法，但当我们真正开始应用这一方法的时候，必须做好大吃一惊的准备。举个例子，所有偶数的数量和所有奇数的数量都是无穷大的。直觉上，你一定会觉得偶数和奇数的数量一样多，并且这个比较完全符合上述方法，因为这些数字可以一一对应：

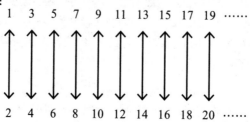

在这张表中，每一个偶数都有与之对应的奇数，反之亦然；因此，偶数的数量等于奇数的数量。这看起来一目了然又顺理成章！

但是等一下！你认为哪个更大：包含偶数和奇数的所有数字的数量更大，还是偶数的数量更大？你一定会说所有数字的数量更大，因为它不仅包含了所有的偶数，还包含所有的奇数。但这只是你的感觉，为了得到准确的答案，你必须使用上述方法来比较两个无穷大的数。这样你就会惊奇地发现你的感觉是错误的。下面这张表就一一对应地列出了所有数字和所有偶数：

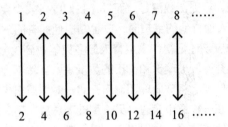

根据比较"无穷大"的数的规则，我们必须承认，偶数的数量和所有数字的数量一样大。这听起来当然是矛盾的，因为偶数只是所有数字的一部分，但我们必须记住，我们现在讨论的是"无穷大"的数，自然要准备好面对它们的特殊与古怪。

其实，在"无穷大"的世界里，部分可能等于全部！以德国著名数学家大卫·希尔伯特（David Hilbert）的某个故事为例，便能够最好地阐明这点。人们说，希尔伯特在他的讲座中是这样描述无穷大的数的：[1]

"假设现在有一家只有几间房间的旅馆，且所有房间都客满了。一位客人走进旅馆，想要一间房间。'不好意思，'店主说，'我们所有的房间都住满了。'现在让我们想象一个拥有无数房间的旅馆，且所有房间都客满了。这家旅馆也来了一位客人，想要一间房间。

"'当然可以！'店主一边热情回应，一边把之前住在 N1 号房间的客人转移到 N2 号房间，把 N2 号房间的客人转移到 N3 号房间，把 N3 号房间的客人转移到 N4 号房间，以此类推……新的客人便获得了经由此种转换腾空的 N1 号房间。

[1] 出自 R. 柯朗，《希尔伯特故事全集》(The Complete Collection of Hilbert Stories)——未出版，甚至未成书，但广为流传。

"现在让我们想象一个拥有无数房间的旅馆，且所有房间都客满了，并且有无数新的客人拥入，想要开房间。

"'没问题，先生们，'店主说，'请稍等一下。'

"他将 N1 号房间的客人转移到 N2 号房间，将 N2 号房间的客人转移到 N4 号房间，N3 号房间的客人转移到 N6 号房间，以此类推……

"现在，所有奇数号的房间都空出来了，无数新的客人可以很容易地入住旅馆了。"

希尔伯特描述的这些，即使放在战时的华盛顿也不太容易想象，但这个例子显然表明，"无穷大"的数的特性的确与我们常见的普通数的特性不同。

如今，根据康托尔比较两个无穷数的规则，我们还可以证明所有像 3/7 或 735/8 这样的分数的数量和所有整数的数量相同。我们可以按照以下规则将所有普通分数排成一行：首先写出分子和分母之和为 2 的分数——这样的分数只有一个，即 1/1。然后写出分子和分母之和等于 3 的分数，即 2/1 和 1/2；然后是分子和分母的和为 4 的，即 3/1、2/2、1/3。以此类推，我们将得到一个无穷的分数数列，包含人们能想到的每一个分数（如图 5）。现在，我们在这个数列上方写出整数数列，让这个数列中的每一个数与分数数列一一对应，最后我们会发现，它们的数量是一样的！

图 5　一位非洲土著和 G. 康托尔教授正在比较他们数不出的数字

"行吧，这些都挺棒的，"你可能会这样说，"但这不就意味着所有的无穷数都相等吗？如果是这样，那么比较它们的大小又有什么意义呢？"

不，并非如此。我们很容易就能找到比所有整数或分数的数量还要大的无穷数。

其实，只要我们对本章前面提出的问题——直线上点的数量和整数的数量哪个大——稍作回顾，就会发现这两个无穷数并不相等：直线上的点比整数或分数的数量要多。为了证明这个说法，让我们试着建立直线上的点和整数数列之间的对应关系，直线的长度设为 1 英寸。

直线上的每个点的位置都可以用它到线段某一端的距离来表示，这个距离可以用无穷小数的形式表示，比如 0.7350624780056…… 或 0.38250375632……[①] 这样一来，我们就必须将整数的数量与无穷小数的数量进行比较。那么，上面给出的无穷小数与 3/7 或 8/277 之类的分数有什么区别呢？

你一定记得数学课上老师曾经讲过，所有分数都可以转换成有限的小数或无限循环的小数。因此 2/3=0.66666……=0.（6），3/7=0.428571 | 428571 | 428571 | 4……=0.（428571）。我们刚才已经证明所有分数的数量等于所有整数的数量，所以，所有循环小数的数量也必然等于所有整数的数量。但直线上的点却不一定是循环小数，在大多数情况下，这些点对应的位置反而是无限不循环的小数。而且，在这种情况下，两个数列很难一一对应。

假设有人声称他完成了一一对应，那么他列出的对应关系应该是这样的：

N
1   0.38602563078……
2   0.57350762050……
3   0.99356753207……
4   0.25763200456……
5   0.00005320562……
6   0.99035638567……
7   0.55522730567……
8   0.05277365642……

———————————

① 这些分数都小于 1，因为我们将直线的长度假设为 1。

- …………………
- …………………
- …………………
- …………………
- …………………

这也是理所当然的，因为我们不可能写出无穷多的无限小数的每一位数，这位声称用上述表格完成了线性对照的作者必然在构建这张表格的时候遵循了某些基本规则（与我们刚才排列分数时一样），这样才能确保被想到的所有小数都出现在表中。

然而，任何排列法则都无法确保这种事情，要证明这点并不难，因为我们总能写出一个这张表里没有的无限小数。怎么做呢？哦，很简单。写下一个小数，它的小数点后第一位不同于表中 N1 对应的小数点后的第一位，第二位不同于 N2 对应的小数点后第二位，以此类推。你将得到的数字大概是这样的：

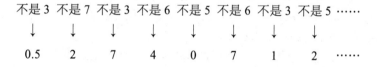

不管往下翻多少行，这个数字都不会出现在这张表中。其实，如果这张表的作者告诉你，你写的这个小数位于他表中的第 137 行（或其他任何一行），你可以毫不犹豫地回答："不可能，因为你那个小数的小数点后第 137 位和我想的第 137 位不同。"

因此，在直线上的点和整数之间建立一一对应的关系是不可能的，这意味着直线上的点的数量比整数或分数的数量更大或更强。

关于"1 英寸长"的直线上的点的讨论已有些篇幅了，现在，根据"无穷数学"规则不难证明，任何长度的直线上的点都是无穷的。其实，不管直线的长度是 1 英寸、1 英尺还是 1 英里，上面的点的数量都是相同的。想要证明这一点，只需看一下图 6 即可，图中比较了 AB 和 AC 两条不同长度的线段上的点的数量。为了在这两条线段之间建立一一对应的关系，我们从线段 AB 上的每一点出发，画了很多平行于线段 BC 的线，每条平行线与两条线段的交点分别是 D 和 D¹，E 和 E¹，F 和 F¹，以此类推。AB

上的每个点在 AC 上都有与之对应的点，反之亦然。因此，根据无穷数的比较规则：这两条线段拥有的点的数量是相等的。

遵循同样的规则，我们还有一个更惊人的发现：平面上所有点的数量和直线上所有点的数量相等。让我们以 1 英寸长的线段 AB 上的点和正方形 CDEF 内的点为例，来证明这一结果（图 7）。

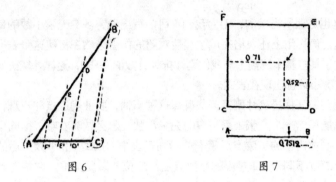

图 6   图 7

假 设 线 段 AB 上 每 个 点 的 位 置 都 用 一 个 数 字 表 示，比 如 0.75120386……我们可以取小数点后的偶数位和奇数位，重组出两个不同的数字，即 0.7108……和 0.5236……

现在，这两个数分别代表正方形内某个点的横坐标和纵坐标，我们便可以得到平面内的一个对应点。反过来说，如果平面内某个点的横坐标和纵坐标分别为 0.4835……和 0.9907……，那么，将这两个数字合并，我们同样可以得到线段 AB 上的对应点：0.49893057……

很明显，通过这个方法，就可以在两组点之间建立一一对应的关系。直线上的所有点都可以在正方形内找到自己的对应点，反之亦然，且没有落单的点。因此，根据康托尔的规则，平面上所有点的数量与直线上所有点的数量相等。

用同样的方法，我们也很容易证明，立方体内的所有点的数量与正方形或直线上的所有点的数量相同。要证明这一点，我们只需要将原来的小数分成三部分[1]，并使用这三个新的小数来确定立方体中"对应点"的位置。此外，和上述两条任意直线的例子一样，不同大小的正方形或立方体内的点的数量也是相同的。

---

[1] 比如说，0.735106822548312……可分割成：0.71853……，0.30241……，0.56282……

虽然所有几何点的数量比整数和分数的数量都大，但它却不是数学家已知的最大的数。确切地说，人们已经发现曲线（包括那些最奇形怪状的）中所包含的点的数量比几何点的数量更大，因此必须将其视为第三级无穷数列。

根据"无穷算术"创始人格奥尔格·康托尔的说法，无穷大的数字可以用希伯来字母 $\aleph$（aleph）来表示，数字右下角的角标表示该数字在无穷数列中的位置。因此，我们便可以得到一个这样的数列（包含无穷数）：

1，2，3，4，5，……$\aleph_1$，$\aleph_2$，$\aleph_3$……

我们可以说"直线上有 $\aleph_1$ 个点"或者"曲线共有 $\aleph_2$ 条"，这和我们说"世界上有七大洲"或"一盒扑克里有 52 张牌"是一个意思。（见图 8）

在关于无穷数的讨论即将结束之际，我们不难发现，这些无穷数的增长速度极快，很快就会超越任何我们能想到的集合。我们知道，$\aleph_0$ 代表所有整数的数量，$\aleph_1$ 代表所有几何点的数量，$\aleph_2$ 代表曲线的所有种类，但到现在为止，还没人能够想到 $\aleph_3$ 能够代表什么集合。看来，前三个无穷数足以穷尽我们能想到的任何东西了，这么看来，我们现在的处境与那位有很多儿子却只能数到 3 的霍屯督人老朋友正好相反！

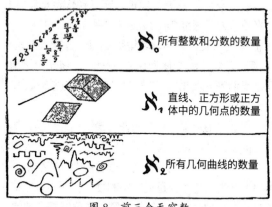

图 8 前三个无穷数

第二章　自然数和人造数

1. 最纯粹的数学

数学通常被人们，尤其是被数学家们看作是所有科学的女王。既然是女王，自然就要避免和其他知识学科搅在一起。例如，有一次"纯粹数学和应用数学联合大会"（Joint Congress of Pure and Applied Mathematics）邀请大卫·希尔伯特在会上做一次公开演讲，借此打破两派数学家之间的隔阂。他的开场白是这样的：

"我们经常听说纯粹数学和应用数学互相敌对。这不是真的。无论什么时候，纯粹数学和应用数学都不是互相敌对的，也永远不会互相敌对。因为事实上，它们之间根本没有共同之处。"

但是，尽管数学家们希望数学是纯粹的，希望数学和其他学科划清界限，但其他学科——尤其是物理——却很喜欢数学，并竭尽所能想与它"亲近"。确切地说，几乎所有纯粹数学的分支都已经成为解释物理宇宙中种种特征的工具。这些分支包括抽象群理论、非交换代数和非欧几里得几何等学科，它们一直被认为是最纯粹、最没有实用价值的学科。

然而，哪怕是在今天，数学领域里仍然有一套庞大的系统，除了用于锻炼智力的灵活性以外，没有任何用处。因此，它光荣摘得"纯粹之王"的桂冠。这就是所谓的"数论"（这里的"数"指的是整数），它是最古老、最复杂的理论数学思想之一。

虽然听起来可能会很奇怪，但数论作为最纯粹的数学，却可以在某种程度上被称为经验科学，甚至是实验科学。事实上，数论的大多数命题都是来自实践，人们试图用数字做不同的事情，然后得到一些结果。就像在物理学中一样，只是物理学尝试的对象是现实中的物体，而不是理论化的数字。数论和物理学还有一个相似之处：它们的命题有些已经被"数学"证明，而另一些仍然是纯粹的经验理论，等待最优秀的数学家不断地挑战。

以质数问题为例，质数是指除了 1 和它自身外，不能被其他自然数整除的数，例如 1、2、3、5、7、11、13、17 等等，都是质数，但 12 就不是，因为它可以写成 $2 \times 2 \times 3$。

质数是无穷的吗？还是存在一个最大的质数，一旦超过这个质数后，每个比它大的数都可以表示为我们已知质数的乘积？欧几里得本人最先提出这个问题，他以一种极其简单而优雅的方式，指出质数有无穷多个，因此并不存在"最大质数"。

为了验证这个问题，我们假设质数的个数是有限的，比如用字母 N 来表示我们已知的最大质数。现在，让我们将所有已知质数相乘，然后在结果上加 1。写法如下：

$$(1 \times 2 \times 3 \times 5 \times 7 \times 11 \times 13 \times \cdots\cdots \times N)+1$$

这个公式得出的结果当然远远大于所谓的"最大质数"N。但显然，这个数字不能被任何一个质数（小于等于 N）整除，因为按照它的构造方式来看，无论它除以哪一个质数，都会余 1。

因此，我们得到的这个数字要么本身就是质数，要么是能被大于 N 的质数整除，无论哪个结果，都与我们假设的"N 是现有最大的质数"相矛盾。

这种证明方法就是"归谬法"（reductio ad absurdum），数学家最喜欢的方法之一。

既然已知质数的数量是无穷的，那么是否有简单的办法能够将所有的质数按顺序一个不漏地列出来呢？古希腊哲学家及数学家埃拉托色尼（Eratosthenes）首次提出了一种解决这种问题的方法，我们称之为"筛选法"。只需写出所有的整数，1，2，3，4……，然后去掉所有 2 的倍数，再去掉 3 和 5 的倍数，以此类推。埃拉托色尼筛选前 100 个数字的示意图如图 9 所示。这 100 个数字中总共包含 26 个质数。利用这个简单的筛选方法，我们已经列出了 10 亿以内的质数表。

图 9

　　不过，如果可以推导出一个公式，自动帮助我们快速又精准地找到所有质数，这一切就会更加简单。然而，尽管人们几个世纪以来进行了多种尝试，这种公式始终没有被找到。1640年，著名的法国数学家费马（Fermat）宣布自己成功推导出了一个公式，他认为这个公式算出的结果都是质数。

　　他的公式是这样的：$2^{2^n}+1$。其中 n 表示 1、2、3、4 等自然数。

　　利用这个公式，我们可以得到以下结果：

$2^{2^1}+1=5$

$2^{2^2}+1=17$

$2^{2^3}+1=257$

$2^{2^4}+1=65537$

　　这几个数的确都是质数。但大约在费马公布这一公式一个世纪后，瑞士数学家欧拉（Euler）发现，按照费马公式计算后得出的第 5 个数（$2^{2^5}+1=4294967297$）并非质数，而是 6700417 和 641 的乘积。费马计算质数的公式由此被证明是错误的。

　　另一个能算出质数的公式是：$n^2 - n + 41$。其中 n 也代表 1、2、3 等自然数。经过证实，当 n 等于 1 到 40 时，算出的结果都是质数，但不幸的是，当 n 等于 41 时，这个公式被重重地打脸了。

　　事实上 $(41)^2 - 41 + 41 = 41^2 = 41 \times 41$，这是平方数，不是质数。

　　还有一个为算出质数做出过尝试的公式：$n^2 - 79n + 1601$，这个公式中，当 $1 \le n \le 79$ 时都能算出质数，但 n=80 时就不能了！

　　因此，仅能算出质数的公式依旧是个未解之谜。

　　数论中还有一个有趣的例子，那就是哥德巴赫猜想（Goldbach conjecture），它在 1742 年被提出，迄今为止既没有被证实也没有被证伪。这个猜想认为任何一个偶数都可以表示为两个质数之和。在一些简单的例子中，你一眼就能看出这个猜想是正确的，比如：12 = 7 + 5，24 = 17 + 7，以及 32 = 29 + 3。但是，尽管数学家们在这方面耗费了大量的心血，还是无法证实这个猜想，也找不到一个反例。1931 年，俄罗斯数学家施尼雷尔曼（Schnirelman）朝验证哥德巴赫猜想的目标迈出了重要一步。他证明了任何一个偶数都能用不超过 30 万个质数之和表示。几年之后，另一位俄罗斯数学家维诺格拉多夫（Vinogradoff）又将证明结果简化为"四个质数之和"。但从维诺格拉多夫的"四个质数"到哥德巴赫的"两个质数"之间还有最后的两步，这两步似乎尤为艰难，没有人知道还需要几年或几个世纪才能证明或推翻这个难题。

因此，要想推导出一个能自动得出所有甚至无穷大质数的公式，我们距离这个目标还很遥远，甚至这可能是一个我们无法企及的目标。

现在，我们可能会退而求其次地问另一个问题——在某个给定的数字区间内，质数所占的百分比是多少？当数字越来越大时，这个百分比是否大致保持不变？如果不是，它是会增大还是减小？为了回答这个问题，我们可以数一数质数表中的数字。通过"筛选法"我们可以发现：小于 100 的质数有 26 个，小于 1000 的质数有 168 个，小于 100 万的质数有 78,498 个，小于 10 亿的质数有 50,847,478 个。将这些相应区间的质数数量列成如下表格：

数字区间 1~N	质数数量	质数占比	$\frac{1}{\ln N}$	偏差（%）
1~100	26	0.260	0.217	20
1~1000	168	0.168	0.145	16
1~10^6	78498	0.078498	0.072382	8
1~10^9	50847478	0.050847478	0.048254942	5

根据这张表格，首先我们看出随着整数数量的增加，质数在所有数字中所占的比例在逐渐减少，但并不存在所谓的最大质数。

有什么简单的数学方法能够表示质数在数字区间中所呈现出的递减比例吗？有的，而且表明质数平均分布的定理是整个数学领域中最重要的发现之一。它的内容很简单：在 1 到大于 1 的任意自然数 N 的区间内，质数所占的百分比约等于 N 的自然对数[①]的倒数，N 的值越大，得出的结果最精确。

N 的自然对数在上述表格的第四列。如果你比较一下第三列和第四列的数字，就会发现结果相当接近，而且 N 的值越大，两列数字的偏差越小。

正如数论中的其他很多命题一样，质数定理最初也是在实践中被发现

[①] 简单来说，自然对数可以定义为普通对数乘以 2.3026。

的，而且在很长一段时间内，它都没有严格的数学证明来支持。直到 19 世纪末，法国数学家阿达玛（Hadamard）和比利时数学家德拉瓦莱·普森（de la Vallée Poussin）终于成功地证明了这一定理，不过他们使用的方法极其复杂，在这里就不做赘述了。

论及整数，就不得不提到著名的费马大定理（Great Theorem of Fermat），虽然它所涉及的一系列问题与质数性质并没有什么关系。费马大定理的根源可以追溯到古埃及，那里的每个优秀木匠都知道，如果一个三角形的边长比为 3∶4∶5，那么它一定有一个直角[1]。事实上，古埃及人是将这种三角形作为木匠矩尺使用的，所以以今天我们称之为"埃及三角形"。

公元 3 世纪，亚历山大的丢番图（Diophantes of Alexandria）开始思考是否只有 3 和 4 两个整数的平方和等于第三个数的平方。他的确证明了还有其他具有相同性质的数字组合（实际上，这样的组合有无穷多个），并总结出了辨别它们的通用规则。现在，我们称这种三边边长皆为整数的直角三角形为"毕达哥拉斯三角形"，埃及三角形便是最早的毕达哥拉斯三角形。毕达哥拉斯定理可以简单地用一个代数方程式表示，$x^2+y^2=z^2$，[2] 其中 x、y、z 必须是整数。

1621 年，皮埃尔·费马在巴黎买了一本丢番图的著作《算术》（Arithmetica）一书的新版法文译本，书里讨论了毕达哥拉斯三角形。读到这里时，他在空白处做了一个简短的备注，大意是说：$x^2+y^2=z^2$ 这个方程式有无数个整数解，但对于方程式 $x^n+y^n=z^n$ 来说，如果 n 大于 2，那便无解了。

"我发现了一个证明这点的绝妙证据，"费马补充道，"但是，这页地方太小，写不下了。"

---

① 小学几何课本是这样证明毕达哥拉斯定理的：$3^2+4^2=5^2$。

② 利用丢番图的通用法则（取任意两个数 a 和 b，使 2ab 为完全平方数。$x=a+\sqrt{2ab}$；$y=b+\sqrt{2ab}$；$z=a+b+\sqrt{2ab}$，用普通代数便可以轻松验证，此时 $x^2+y^2=z^2$），我们可以列出这个方程所有可能的解，最开始的几组解如下：

$3^2+4^2=5^2$（埃及三角形）

$5^2+12^2=13^2$

$6^2+8^2=10^2$

$7^2+24^2=25^2$

$8^2+15^2=17^2$

$9^2+12^2=15^2$

$9^2+40^2=41^2$

$10^2+24^2=26^2$

费马死后，他放在藏书室中的那本丢番图的著作被人们发现，空白处标注的笔记内容也公之于世。三个多世纪以来，各国最顶尖的数学家们一直试图重现费马写下笔记时所想的证明过程，但是目前为止没有人做到。不过可以肯定的是，在追寻终极目标的道路上，我们已经取得了相当大的进展，并且人们还创立了一个名为"理想论"（theory of ideals）的全新数学分支，用以证明费马大定理。欧拉证明了方程式 $x^3+y^3=z^3$ 和 $x^4+y^4=z^4$ 不可能有整数解，狄利克雷（Dirichlet）证明了 $x^5+y^5=z^5$ 不可能有整数解，再加上几位数学家的共同努力，我们现在已经能够证明，当 n 小于 269 时，费马方程式就没有整数解。然而，迄今为止我们仍然没有找到 n 为任意值时，方程 $x^n+y^n=z^n$ 没有整数解的证明方法。越来越多的人开始怀疑费马本人根本没有证明这个猜想，或者他的证明过程有错误。为了弄清楚费马大定理，甚至有人悬赏 10 万德国马克，以至于该定理的证明曾盛极一时，但是那些想要赏金的业余爱好者们最后都一无所获。

当然，费马大定理也有可能是错误的，也许有一天[1]，人们会找到三个整数，其中两个的某一高次幂之和等于第三个整数的相同次幂。但是，n 必须大于 269，要找到这几个数并不是件简单的事儿。

2. 神秘的 $\sqrt{-1}$

现在让我们来做点高级数学题。2 的平方等于 4，3 的平方等于 9，4 的平方等于 16，5 的平方等于 25。所以，4 的算数平方根是 2，9 的算数平方根是 3，16 的算数平方根是 4，25 的算数平方根是 5。[2]

但是，负数的平方根是什么呢？$\sqrt{-5}$ 和 $\sqrt{-1}$ 这类式子有意义吗？

如果你试图用理性思维思考这个问题，就觉得上述表达式毫无意义。用 12 世纪数学家布拉敏·婆什迦罗（Brahmin Bhaskara）的话来说就是："正数的平方是正数，负数的平方也是正数。因此，正数的平方根有两个，一个是正数，一个是负数。负数没有平方根，因为任何数的平方都不是负数。"

---

[1] 作者 1968 年去世，1995 年英国数学家怀尔斯成功证明费马大定理。

[2] 想找出其他数字的算数平方根也很容易。比如 $\sqrt{5}$ =2.236…… 因为（2.236……）×（2.236……）=5.000……，$\sqrt{7.3}$ =2.702…… 因为（2.702……）×（2.702……）=7.300……。

　　但是数学家就是这么顽固，一旦他们发现某些不合常理的东西反复出现在他们的公式中，他们就会想方设法把这些东西变得合理化。不管是过去占据数学家们大量时间的简单算术问题，还是 20 世纪相对论框架下时空统一的问题，负数的平方根恰好就是这么个讨厌的东西。

　　第一位将看起来似乎没有意义的负数平方根列入方程的勇士，是 16 世纪意大利的数学家卡尔达诺（Cardano）。他试图将数字 10 分解成两部分，同时，让这两部分的乘积为 40。在探索这一问题的过程中，他指出，虽然这一问题并没有完全合理的答案，但却可以用两个看似不可能的公式来表达：$5 + \sqrt{-15}$ 和 $5 - \sqrt{-15}$ 。[①]

　　尽管卡尔达诺认为上述公式没什么意义，是虚构出来的，但他还是将它们记录了下来。

　　如果还有人想要写出负数的平方根，那么将 10 拆分成两个乘积等于 40 的部分的问题就可以解决了。"负数平方根"这块坚冰一旦被打破，人们就从卡尔达诺使用的修饰词中挑选了一个来给这样的数命名，称它为"虚数"，于是很多数学家开始越来越频繁地使用这个概念，不过使用过程中还是有诸多顾虑和限制。1770 年，著名瑞士数学家莱昂哈德·欧拉出版了一部关于代数的著作，书中大量运用了虚数，不过都有如下备注："书中所有诸如 $\sqrt{-1}$、$\sqrt{-2}$ 这类的表达式所代表的是负数的平方根，因此它们都是不可能存在的数字，或称虚数。对于这样的数，我们只能说它们并不是 0，也并不大于 0 或小于 0，所以它们就是虚构出来的数，或者说是不可能的数。"

　　但是，尽管虚数有各种各样的弊端和限制，它依然迅速成为像分数或根式那样在数学中不可或缺的存在，如果不对其加以运用，就寸步难行。

　　这么说吧，虚数代表的是正常数字（或称实数）的一个虚拟的镜像。人们可以用数字 1 为基础构建出所有实数，同理，也可以用 $\sqrt{-1}$ 构建出所有虚数，这个基数通常用 i 表示。

　　不难看出：$\sqrt{-9} = \sqrt{9} \times \sqrt{-1} = 3i$；$\sqrt{-7} = \sqrt{7} \times \sqrt{-1} = 2.646\cdots\cdots i$。以此类推，每一个实数都有一个对应的虚数。我们也可以效仿卡尔达诺首创的混合表达式，把实数和虚数合并在一个表达式内，如 $5 + \sqrt{-15} = 5 + i\sqrt{15}$ 。这种

---

① 证明过程如下：
$(5 + \sqrt{-15}) + (5 - \sqrt{-15}) = 5 + 5 = 10$，且 $(5 + \sqrt{-15}) \times (5 - \sqrt{-15}) = (5 \times 5) + 5\sqrt{-15} - 5\sqrt{-5} - (\sqrt{-15} \times \sqrt{-15}) = (5 \times 5) - (-15) = 25 + 15 = 40$。

混合表达式通常被称为复数。

虚数进入数学领域的两个多世纪里，一直蒙着一层神秘的面纱，直到两位业余的数学家赋予了它一种简单的几何意义，它才得以正名。这两位数学家是挪威的测绘师韦塞尔（Wessel）和巴黎的会计师罗伯特·阿尔冈（Robert Argand）。

根据这两人的阐述，复数可以用图 10 中的形式表示，以 3+4i 为例，3 和 4 分别表示横、纵坐标轴上的一个点，其中 3 是横坐标，4 是纵坐标。

确实，所有实数（无论正负）都可以用横轴上的点来表示，而所有纯虚数则可以用纵轴上的点来表示。举个例子，如果我们用实数 3 表示横轴上的一个点，并将其与代表虚数的 i 相乘，我们就会得到必须画在纵轴上的纯虚数 3i。因此，从几何角度来讲，一个实数乘以 i，相当于将该数字代表的点逆时针旋转 90 度。（见图 10）

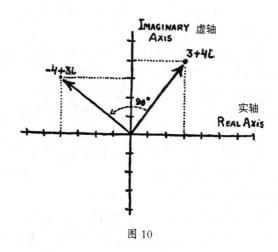

图 10

现在，如果我们将 3i 再次乘以 i，就必须将 3i 代表的点再次逆时针旋转 90 度，那么这个点就会重新回到横轴上，只不过会落在负数那一侧。因此：

3i×i=3i²=-3，或者说，i²=-1。

这么一来，比起"两次逆时针旋转 90 度即可对调正负值"这种说法，"i 的平方等于 -1"就好理解多了。

当然，同样的规则也适用于复数。用 3+4i 乘以 i，我们就会得到：

（3+4i）i=3i+4i²=3i-4=-4+3i

从图 10 中可以立刻发现，-4+3i 对应的坐标点正是 3+4i，这是 3+4i 绕原点逆时针旋转 90 度得来的。同样，一个数乘以 -i 就相当于绕原点顺时针旋转 90 度。

如果你依然觉得虚数神秘莫测，那么我们可以试着解决下面这个具有实际意义的简单问题。

一位年轻的冒险家在他曾祖父的文件中发现了一张羊皮纸藏宝图，图上是这样说的：

"航行至北纬＿＿＿，西经＿＿＿[1]，你会发现一处荒岛。岛的北岸有一大片没有围栏的草地，草地上孤零零地站着一棵橡树和一棵松树[2]。在那儿，你还会看到一座古老的绞刑架，我们用它来吊死叛徒。从绞刑架出发，走到那棵橡树底下，记下步数，然后向右转 90 度，走同样的步数，在那个地方打一根尖桩。现在，回到绞刑架那里，走到松树底下，记下步数，然后向左转 90 度，走同样的步数，打下第二根尖桩。在两根尖桩的中点处挖掘——宝藏就藏在那里。"

藏宝图上的指示非常清楚，这位年轻人租了一艘船，一路航行至南太平洋。他找到了那座岛、那片草地，以及那两棵橡树和松树，但令他伤心欲绝的是，绞刑架不见了。时间过了这么久，绞刑架的木头早已在风吹、日晒、雨淋中变得朽败不堪，化为泥土了，甚至连它曾经矗立于何处都分辨不出来了。

这位爱探险的年轻人陷入了绝望，随后开始怒气冲冲地在草地上一通乱挖。但是，所有努力都是徒劳的，这个岛太大了！他只能空手而归，那份宝藏可能还在原处。

故事令人惋惜，但更可惜的是，如果这位年轻人稍微懂点儿数学——尤其是虚数的用法——他可能已经找到了宝藏。虽然现在为时已晚，但让我们来看看能不能帮他找到宝藏。

我们把岛屿看作一个复数平面，将两棵树连接，把这条直线作为实轴，再通过两棵树连线的中点位置画一条垂直于实轴的线，作为虚轴（图 11）。以两树之间距离的一半为基本单位，这样一来，我们就可以说，橡树和松树分别位于实数轴上的坐标点 -1 和坐标点 +1 上。我们不知道绞刑架的坐标，那么就用希腊字母 Γ 来假设它的位置，正巧这个符号看起来就挺像

---

[1] 藏宝图中给出了经度和纬度的实际数字，但本文略去了，以免泄露机密。

[2] 树的名字也因上述原因更改过，热带藏宝岛上的树木种类肯定不止橡树和松树。

个绞刑架。由于绞刑架不一定在两条坐标轴上，Γ 必须被视为一个复数：Γ=a+bi。其中 a 和 b 的含义如图 11 所示。

图 11 用虚数寻宝

现在我们可以按照上述虚数乘法法则，做一些简单的计算。如果绞刑架在坐标点 Γ 处，橡树在坐标点 -1 处，它们的距离和方向就可以表示为 -1-Γ=-（1+Γ）。同理，绞刑架和松树的间隔为 1-Γ。要将这两段距离分别顺时针（向右）和逆时针（向左）旋转 90 度，根据上述法则，我们得将这两个数分别乘以 -i 和 i，由此得出两个尖桩的位置：

第一个尖桩：（-i）[-（1+Γ）]+1=i（Γ+1）+1

第二个尖桩：（+i）（1-Γ）-1=i（1-Γ）-1

因为宝藏正好在两个尖桩连线的中点处，我们现在必须找到上述两个复数总和的一半。也就是：

$$\frac{1}{2}[i（Γ+1）+1+i（1-Γ）-1]=\frac{1}{2}[+iΓ+i+1+i-iΓ-1]=\frac{1}{2}（+2i）=+i$$

现在我们可以看出，未知的绞刑架的位置 Γ 已经消失在我们的计算过程中了，因此，不管绞刑架在哪里，宝藏一定位于 +i 点。

所以，如果我们这位爱探险的年轻人会做这种程度的简单计算，他就不需要挖遍整个岛，只需要在图 11 中"×"号标记的位置寻找，就一定能找到宝藏。

如果你还是不相信寻找这份宝藏绝不需要知道绞刑架的位置，那就在纸上画出这两棵树的位置，然后任选几个不同的点作为绞刑架的假设位置，接着按照藏宝图上的指示操作。你得到的结果永远都会是同一个点，并且结果一定对应复数平面上的数字 +i ！

还有一个隐秘的宝藏是利用 -1 的平方根这个虚数发现的，那是一个相当惊人的发现：我们所在的三维空间竟能和时间结合起来，形成一个符合四维几何规则的统一坐标系。我们会在接下来的某章中讲到阿尔伯特·爱因斯坦和他的相对论，届时会再细讲。

第二卷

空间、时间和爱因斯坦

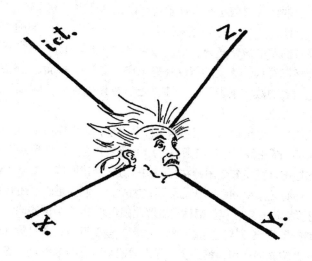

第三章 空间的特殊性

1. 维度和坐标

我们都知道空间是什么，但如果有人问"空间"这个词的确切定义，我们还是会陷入窘境。我们可能会将空间形容为围绕在我们周围的东西，我们可以在其中前进或后退、向左或向右、向上或向下。这三组独立且相互垂直的方向，代表着我们生活的物理空间的一个最基本的属性，所以我们说空间是有三组方向，是三维的。空间中的任何位置都可以用这三个维度来表示。如果我们来到一个不熟悉的城市，并向酒店前台询问某家知名公司的位置，工作人员可能会说："向南走五个街区，右转，再走两个街区，然后上七楼。"这个回答提到的三个数字通常被称为坐标，在这个例子中，这三个数字分别指出了城市街道、建筑楼层和酒店大堂起点之间的关系。不过，很明显我们也可以通过使用另一个正确的坐标系统，成功抵达目的地，只要这个坐标系统可以正确地表示原点和目的地之间的关系。而且，只要我们知道新坐标系统和旧坐标系统之间的相对位置，就可以通过简单的数学运算，得出原有目的地的新坐标。我们称这个运算过程为坐标转换。这里还可以补充一点，这三组坐标完全没有必要用代表特定距离的数字来表示——事实上，在某些情况下使用角坐标会比距离坐标更方便。

美国纽约的地址通常会用直角坐标系表示，因为城市中的街道大都是横平竖直的；而在俄罗斯的莫斯科，地址通常会通过极坐标系来表示，这座古老的城市是围绕着克里姆林宫的中心城堡修建而成，街道呈放射状向外延伸，还有几条呈同心圆状的环路，因此，人们要是想描述某幢房子的位置，通常会说，它在克里姆林宫城墙北偏西北20个街区的地方。

华盛顿哥伦比亚特区的海军部大楼和战争部五角大楼就是直角坐标系和极坐标系的典型代表，第二次世界大战期间所有与战事有关的人员都很熟悉这点。

我在图12中给出了几个示例，展示了如何通过不同的方法利用距离或角度表示空间中某个点的位置。不过，因为我们讨论的是三维空间，所以无论我们选择什么坐标系，都必须用到三个数值。

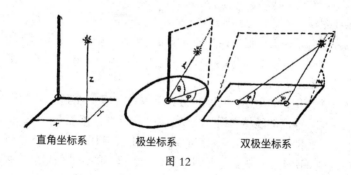

直角坐标系　　　　极坐标系　　　　双极坐标系

图 12

虽然我们难以用三维空间的思维去想象超出三维的高维空间（我之后会提到，这样的空间确实存在），但想象出一个低于三维的低维空间却很容易。比如平面，球面或者任何表面都是二维空间，因为平面上的任意位置都可以用两个数来表达。同理，线（直线或曲线）是一维空间，描述线上的任意位置只需要一个数字。我们也可以称点为零维空间，因为在一个点中没有两个不同的位置。但是，谁又会对点感兴趣呢！

作为三维生物，我们很容易理解线和面的几何性质，因为我们可以"从外部"观察它们，而理解我们身处其中的三维空间，就相对难一些。这也解释了为什么人们对于曲线或曲面的理解没有什么困难，但一旦听到三维空间也可以弯曲，就会有些惊讶。

不过只需稍加练习，并理解"弯曲"这个词的真正含义，你就会发现"三维曲面"这个概念非常简单。并且当你读到下一章的末尾，甚至能够（希望如此）轻松地谈论乍一看似乎可怕至极的概念——四维曲面。

但在那之前，让我们先运用三维空间、二维平面和一维线的特性来做些思维运动。

2. 不用测量的几何

虽然你在学生时代熟知的度量空间的几何学 [①] 可能会告诉你，几何是由大量定理组成的，旨在研究不同距离和角度之间的关系（比如著名的毕

---

① 几何学（geometry）这一名称源于两个希腊单词："ge"和"metrein"。"ge"意为大地，"metrein"意为度量。显然，古希腊人创造这个词主要是源于对田产的需求。

达哥拉斯定理，就是研究直角三角形边长数值关系的），但实际上，空间最基本的性质并不需要测量任何长度或角度。研究这些空间性质的几何学分支被称为位相几何学（analysis situs）或拓扑学（topology）[1]，它是数学中最具争议且难度最大的一个部分。

举一个简单的典型拓扑问题的例子：让我们想象一个封闭的几何曲面，比如一个球，球面的线将它划分成许多独立的区域。接下来，我们在球面上选取任意数量的点，并用不相交的线将它们连接起来（如图13左所示）。那么在这种情况下，这些点的数量、划分相邻区域的线的数量以及区域的数量之间有什么关系呢？

首先，如果在上述例子中我们采用的不是球，而是像南瓜一样的扁球体，或者像黄瓜那样细长的形状，那么南瓜或黄瓜上的点、线和区域的数量和球体的数量完全相同。事实上，如果我们用拉扯、挤压等手段改变球的形状，只要不剪开或者撕碎它，那它的形状并不会影响我们的推理和问题的答案。拓扑几何的这个特性与以数值关系为主（比如长度、面积、体积之类的关系）的普通几何学形成了鲜明的对比。比如，如果我们把一个立方体拉伸成一个平行六面体，或者把一个球压成一个煎饼，这些数值就会发生巨大变化。

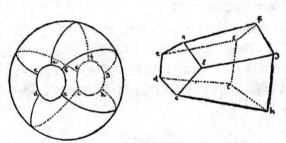

图 13　被分区的球体转换成多面体

我们可以将这个球被划分的这些区域都削平，这样球就变成了一个多面体（如图13右所示），不同区域的边界线就会变成多面体的边，而原先的点也会变成多面体的各个顶点。

现在，我们之前那个问题可以在不改变本质的情况下重新表述为：任

---

① 这两个词分别来自拉丁语和希腊语，意思都是"对位置的研究"。

意形状的多面体顶点、棱和面的数量之间有什么关系？

图 14 中展示了 5 个正多面体（每个面的棱和顶点数都相等）和 1 个根据想象画出来的不规则多面体。

我们可以数出每个几何体中顶点、棱和面的数量，看看这三个数字之间有什么关系。通过直接计数，我们可以构建如下相应的表格。

名称	顶点数量 V	棱数量 E	面数量 F	V+F	E+2
正四面体（金字塔）	4	6	4	8	8
正六面体（正方体）	8	12	6	14	14
正八面体	6	12	8	14	14
正二十面体	12	30	20	32	32
正十二面体	20	30	12	32	32
畸形多面体	21	45	26	47	47

首先，前三列数字（V、E 和 F）之间似乎没有任何关系，但再研究一会儿你会发现，V 和 F 这两列的数字之和总是等于 E+2。因此，我们可以写出如下数学关系式：

$V+F=E+2$

这种关系只适用于图 14 中所示的五个多面体，还是适用于任意多面体呢？如果你试着画几个不同于图 14 的多面体，并数出它们的顶点、棱和面的数量，你会发现上述关系在所有情况下都适用。因此，$V+F=E+2$ 显然是拓扑学中通用的数学定理，因为这个关系式与棱的长短或面的大小无关，只与几个不同的几何单元（即顶点、棱、面）的数量有关。

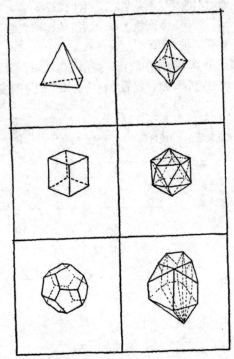

图 14　5 个正多面体（可能性只有这五种）和 1 个不规则畸形
多面体

　　我们刚刚发现的多面体顶点、棱和面的数量关系，是由 17 世纪法国著
名数学家勒内·笛卡尔（René Descartes）首先注意到的，后来由另一位数学
天才莱昂哈德·欧拉严格证明，因此，这一定理以欧拉的名字命名为"多面
体欧拉定理"。

　　以下内容摘自 R. 柯朗和 H. 罗宾斯的著作《什么是数学？》（*What Is
Mathematics?*）[①] 一书，用来展示欧拉定理的完整证明过程：

　　"要证明欧拉公式，我们先假设给定的简单多面体是空心的，其表面
由薄橡胶制成（图 15a）。现在，我们割开空心多面体的一个面，将剩余的

[①] 笔者在此感谢柯朗博士、罗宾斯博士和牛津大学出版社允许笔者引用以下段落。如果
有读者因为这里给出的几个例子对拓扑学问题产生了兴趣，可以在《什么是数学？》一书
中找到关于此类问题更深入的探讨。

部分在一个平面上展平（图15b）。当然，在这个过程中，多面体各个面的面积和棱与棱之间的角度会发生变化。但是展平后的多面体顶点与棱的数量依然保持不变，不过由于割掉了一个面，面的数量会少一个。现在我们需要证明，在这个平面上，V-E+F=1。只有这样，算上被割掉的面，才能得到适用于原始多面体的公式：V-E+F=2。"

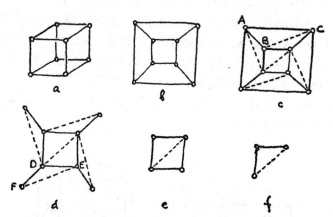

图15 欧拉定理的证明过程。图中为正方体，但结果适用于任意多面体

"首先，我们在这个平面网格中非三角形的区域画一条对角线，将它切割成三角形。每增加一条对角线，E和F的值都加1，但V-E+F的值不变。继续画对角线，直到图形完全由三角形组成（图15c）。在三角形网格中，V-E+F的值始终不变，所以画对角线不会影响公式的结果。"

"有些三角形的边在网络的边缘。其中，某些三角形（如ABC）只有一条边在边缘，而其他三角形可能有两条边在边缘。对于这些靠边的三角形，我们去掉它不与其他三角形共用的边（图15d）。比如，我们将三角形ABC去掉边AC和它的面，留下顶点A、B、C和两条边AB和BC。接着，我们将三角形DEF移除它的面、DF和FE两条边，以及顶点F。"

"去掉三角形ABC，E和F的值会减1，V-E+F的值保持不变。移除三角形DEF，V的值减1，E的值减2，F的值减1，V-E+F的值仍然保持不变。通过适当的顺序可以删除所有靠边的三角形（网格的边缘会改变），最后只剩下一个拥有三条边、三个顶点和一个面的三角形。在最后这个简单的结构中，V-E+F=3-3+1=1。但我们已经看到，不断删除三角形的过程中，

V-E+F 的值并没有改变过。所以在原平面网络中，V-E+F 的值也一定等于
1。由此我们可以得出结论：在完整的多面体中 V-E+F=2。由此，欧拉公式
的证明就完成了。"

欧拉公式有一个有趣的结果，正多面体最多只能有五个，即图 14 中
所示的那五个。

然而，仔细浏览前几页的内容，你可能就会注意到，在绘制图 14 所
示的"各种不同类型"的多面体以及证明欧拉定理的过程中，我们做了一
个隐性假设，该假设大大缩小了定理适用的范围。这么说吧，我们所有的
操作都只局限于没有孔洞的多面体上。这里的孔洞指的并不是气球上那种
破洞，而是更类似于甜甜圈或橡胶内胎中间的那个孔。

看一下图 16 就明白了。我们可以看到两个不同的几何体，每个都是
和图 14 一样的多面体。

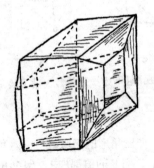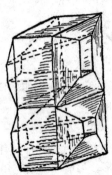

图 16　两个立方体，各含有一个孔洞和两个孔洞。这些面并不
是规则的矩形，但如前面所述，这在拓扑学中无关紧要

现在让我们看看欧拉定理是否适用于我们的新多面体。

第一个多面体共有 16 个顶点、32 条边和 16 个面，因此 V+F=32，而
E+2=34。第二个多面体中有 28 个顶点、46 条边、30 个面，V+F=58，而
E+2=62。又错了！

为什么会这样，我们通用的欧拉定理怎么就在这两个例子上栽跟头了呢？

问题当然是因为我们上面涉及的所有多面体都类似足球内胆或气球，
而新的中空多面体则更像轮胎或更复杂的橡胶产品。对于这种多面体，上
述数学证明并不适用，因为我们无法完成必要的操作步骤——"割开空心
多面体的其中一面，将剩余部分在平面上拉伸展平。"

如果拿一个足球内胆，用剪刀剪开它表面的一部分，那么把它拉开展平是没什么问题的。但如果换成轮胎，无论你如何努力都无法做到。如果图 16 还不能说服你，那你可以找一个旧轮胎尝试一下！

但也不能把话讲死，更复杂的多面体的 V、E 和 F 之间并不是毫无关系的——它们有关系，只是这种关系与欧拉定理稍有不同。对于甜甜圈形状的多面体——更科学地说是环形多面体——来说，关系式是 V+F=E；"椒盐卷饼"形状的多面体关系式是 V+F=E-2。所以，综合两者我们得到：V+F=E+2-2N，其中 N 为孔洞的数量。

还有一个典型的拓扑问题与欧拉定理密不可分，这就是所谓的"四色问题"。假设有一个球面被划分成多个独立区域，现在我们要给球面上色，使相邻两个区域（即有共同边界的区域）的颜色各不相同。完成这个任务最少需要几种不同的颜色？很明显，两种颜色肯定不够，因为当三条边界线相交于一点时（比如图 17 中弗吉尼亚州、西弗吉尼亚州和马里兰州），我们需要给三个州都涂上不同的颜色。

需要四种颜色的例子也比较常见（德国占领奥地利时期的瑞士地图，图 17）。[1]

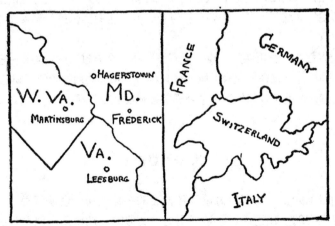

图 17　马里兰州（MD.）、弗吉尼亚州（VA.）和西弗吉尼亚州（W.
VA.）（左）以及瑞士、法国、德国和意大利（右）的拓扑地图

---

[1] 奥地利被德国占领之前，只需三种颜色：瑞士为绿色，法国和奥地利为红色，德国和意大利为黄色。

但是，不管怎样尝试，无论是在地球仪上还是在铺平的纸上[1]，这幅虚构的地图所需的颜色永远不会超过四种。似乎不管我们把地图画得多么复杂，四种颜色总是足以使相邻区域不重色。

如果上述说法正确，那么我们应该能够用数学证明，但是经过几代数学家的努力，依然没人成功。这又是一个典型的几乎没人怀疑，却也没人能够证明的数学命题。目前数学上的最新进展只能证明五种颜色是绝对足够的。这项证明就是以欧拉公式为基础的，变量涉及国家数量、边界线数量，以及三条边界交点和四条边界交点的个数。

这个证明过程相当复杂，我们在此不做赘述，否则会让我们偏离探讨的主题。但是，这个证明过程在各种拓扑学书籍中都有提及，读者可以花一个愉快的晚上（也许还会熬个通宵）来思考它。大家可以尝试证明无需五种颜色，四种就足以完成地图的填色问题；或者，如果怀疑上述的正确性，也可以自己试着画一张超过四种颜色的地图。但凡这两种尝试中有一种能成功，你就会被载入数学理论的史册。

讽刺的是，虽然填色问题在球面或平面上一解难求，但在如甜甜圈或椒盐卷饼那种更为复杂的表面上却可以相对简单地找到解决之法。为什么这么说呢？因为目前已经有人证明了：给按照任意划分方式分区的甜甜圈上色且相邻区域不同色共需要七种颜色，并且也有实例证明确实至少需要七种颜色。

如果想让自己再头疼一点，大家可以找一个充过气的轮胎和一套七种颜色的颜料，尝试在轮胎表面画一个某种颜色和其他六种颜色相邻的图形。做完这些，你就可以自信地说"我真的很懂甜甜圈"了。

3. 空间翻转

到目前为止，我们只讨论了各种面的拓扑性质，也就是说，只讨论了二维空间的拓扑性质。但是很明显，类似的问题也会出现在我们生活的三维空间中。因此，将填色问题引申到三维空间时，可以这样表述：我

---

[1] 使用平面地图还是地球仪对颜色问题的结果并没有影响，因为用地球仪解决问题之后，只需在地球仪上某个上过色的区域戳个洞，然后将球面展开平铺。这也是一种典型的拓扑变换。

们需要用不同材质和不同形状的材料构建一个"空间马赛克"，任意两个材质相同的材料都不能有共同的接触面。这样的话，需要多少种不同的材料？

　　能够在填色问题上与球面或环面做比较的三维空间是什么呢？我们能否想出一些不同寻常但与我们所在的普通空间有所关联的三维空间呢？就像球面或环面与普通平面的关系那样？其实，虽然我们能够很容易地想出各种形状的面，但我们普遍认为三维空间只有一种类型，即我们生活的且熟悉的物理空间。然而，这种观点其实是一种危险的错觉。如果稍微发挥一下想象力，我们是可以想象出其他类型的三维空间的，这些空间与教科书中介绍的欧几里得派空间大不相同。

　　想象这些奇怪空间的困难主要在于，我们自身就是三维生物，所以只能"从内部"观察空间，而对于那些千奇百怪的面来说，我们是"从外部"观察它们。但通过一些思维训练，我们可以毫不费力地理解这些奇怪的空间。

　　让我们先试着建立一个性质有些类似于球面的三维空间模型。很明显，球面的主要性质是没有边界，但面积有限，因为它是一个封闭的面。那我们能否想象出这样一个同样自我封闭、没有明显边界但体积有限的三维空间呢？试想两个受到球面限制的球体，就像一个被果皮包起来的苹果。

　　现在想象一下，这两个球体"彼此重叠"，共享一个外表面。当然，这并不是说现实中我们要将两个物体挤成一个，比如刚才那两个苹果，如果硬把它们挤在一起，即使苹果被压碎了，也不会互相融入对方。

　　最好还是试想一个内部被虫子啃了的苹果。如果虫子有两种，白虫和黑虫，它们互相看不顺眼，那么它们从苹果表皮某两个相邻的点开始啃，在内部啃出的通道也永远不会相交。被这两种虫子啃过的苹果最终看起来会和图 18 一样：两条紧密缠绕的通道填满了苹果内部。尽管黑白两条通道非常接近，但要想从一个通道进入另一个，只能通过苹果的表皮。试想一下如果这些通道变得越来越细，数量越来越多，最终这两个相互独立的空间就会填满整个苹果，但这两个空间依然只通过表皮相连。

图 18

　　如果不喜欢虫子，你可以假设在纽约世博会那个巨型地球仪里[1] 修两条封闭的走廊和楼梯系统。两条楼梯系统都贯穿并遍布球体内部，但是，如果你想从一个楼梯系统的某个位置去另一个楼梯系统的同一个位置，必须先一路走到球体表面两个楼梯系统共存的那个平面，再沿路走到你刚才所处的位置。我们说这样两个球体相互重叠但互不干扰，在这样的情况下，你的朋友可能离你很近，但想要见到他，你必须绕相当大一圈！尤其值得注意的是，两个楼梯系统的交点和球体内部的其他点没什么不同，因为整个系统都是可以随时变形的，有些点会被拉入球体内部，而有些之前在内部的点翻到外面。这个模型还有一个重点：虽然通道的总长度是有限的，但通道上却没有"死胡同"。你可以在走廊和楼梯上不停前进，不会有任何墙壁或栅栏挡住你的去路，而且，如果你走得够远，一定会回到出发点。如果有人"从外面"观察整个结构，可能会说，"这个走迷宫的人最后肯定会回到出发点的，因为这条走廊慢慢转回去了"。但是，对于根本不知道有"外面"这回事儿的里面的人来说，这个空间虽然大小有限，却没有明显的边界。我们会在接下来的某章中讲到，这个没有明显边界但又并非无限的"三维密闭空间"，在研究整个宇宙的性质时十分有用。事实上，在目前最强望远镜能观测到的极限距离处，空间已经开始弯曲，并有明显的回转封闭趋势，就像前面示例中被虫子啃出通道的苹果那样。但是，在我们继续讨论这些令人兴奋的问题之前，必须先了解一些其他的空间性质。

---

[1] 1964 年纽约世博会，标志建筑为一个 12 层楼高的巨型地球仪。

关于苹果和虫子的话题还没有完全结束，我们要面对的下一个问题是：这个被虫子啃过的苹果能变成甜甜圈吗？哦，不，我们不是要让它尝起来像甜甜圈，而是要让它看起来像甜甜圈。我们在讨论几何，而不是厨艺。让我们再次假设手里有一个前面提到的"双重苹果"，就是那两个"彼此重叠"并通过表皮"粘在一起"的苹果。假设虫子在其中一个苹果中啃出了一条如图 19 所示的宽阔的环形通道。请注意哦，这只是针对其中一个苹果，通道外的每个点都是"双重点"，同时属于两个苹果。而在通道内，只剩下那个没被虫子咬过的苹果的果肉。现在，我们的"双重苹果"拥有了一个由通道内壁构成的自由面（图 19a）。

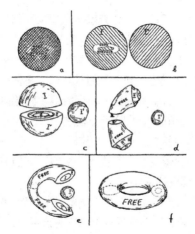

图 19 如何把一个被虫子啃过的双重苹果变成一个完好的甜甜圈。这不是魔法，而是拓扑学！

你能改变这个坏掉的苹果的形状，让它变成一个甜甜圈吗？当然，我们得先假设这个苹果的材质具有可塑性，可以变成任何你喜欢的形状，还不会破损。为了便于操作，我们可以把苹果切开，变形之后再把它粘回去。

首先，让我们将"双重苹果"分开，变成两个单独的苹果（图 19b）。我们将这两个表面标记为 I 和 I'，这样之后就能将它们粘回去。现在，沿着通道的环截面将包含虫蛀部分的苹果切开（图 19c）。这一步会产生两个新的切面，我们将它们标记为 II、II' 和 III、III'，以便将它们粘回去时能够知道确切位置。剖开之后，通道的自由表面也露了出来，它就是甜甜圈的自由表面。现在，将剖开的部分按图 19d 所示的方式进行拉伸，自由表面得到了极大程度的拉伸（因为根据我们的假设，材料可以尽情拉伸！）。与此同时，切割面 I、II 和 III 被缩小了。当我们在处理完被蛀虫咬过的苹果后，还得把另一个没被咬过的苹果缩小到樱桃大小。现在，我们可以沿着切口把各个部分粘回去了。第一步很容易，把面 III 和 III' 粘起来，得到如图 19e 所示的类似钳子的形状。接着，把缩小成樱桃大小的那个苹果放在 "钳子" 的两个尖端之间，再把两个尖端连在一起。这样，标记为 "I'" 的球面就和面 I 粘在一起了，而面 I' 正是从面 I 中分离出来的，同时，切面 II 和 II' 也会互相闭合。这样我们就得到了一个甜甜圈。

这一切有什么意义呢？

什么意义都没有，只是为了让大家做做想象几何学的练习，以便帮助大家理解弯曲空间和自封闭空间这类不寻常的东西。

如果你还想进一步发挥想象力，这里有一个上述做法的 "实际应用"。

虽然你可能从未想过这个问题，但其实你的身体中也有一个类似甜甜圈的结构。事实上，所有生物发育的早期阶段（胚胎阶段）都会经历一个被称为 "原肠胚"（gastrula）的阶段。在这个阶段中，原肠胚呈球形，并有一条宽阔的通道贯穿其中。通道一端摄入食物，另一端排出废弃物。生命体充分发育之后，通道就会变得更薄，更复杂，但其原理保持不变，几何特性也和最初的甜甜圈相同。

好吧，既然你是一个甜甜圈，那不妨做一个与图 19 相反的转换吧——试着把你的身体（想象！）转变成一个内部有通道的双重苹果。特别提示，你会发现虽然你身体的某些部位会重叠，形成 "双重苹果" 的躯干部分，但整个宇宙——包括地球、月亮、太阳和恒星，都会被挤压到内部的环形通道中！

试着画出它的样子，如果你画得好，将会得到萨尔瓦多·达利[1]（Salvador Dali）本人对你在超现实主义绘画艺术方面超高造诣的肯定！[2]（图 20）

---

[1] 西班牙著名画家，对超现实主义绘画贡献巨大。

[2] 萨尔瓦多逝于 1989 年，在作者撰写本书时，萨尔瓦多还活着，故而有此一说。

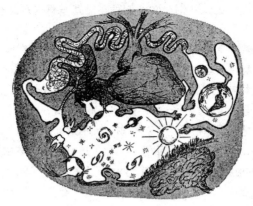

图20 翻转宇宙。这幅超现实主义的画作描绘的是一个边在地球表面行走边仰望星空的人。这幅画是根据图19所示的方法进行拓扑转换得来的，因此，地球、太阳和恒星都挤在一个相对狭窄、贯穿人体的通道里，周围环绕着这个人的内脏器官

虽然这一节的篇幅已经很长了，但如果不讨论一下左撇子和右撇子的身体构造以及它们与空间普遍特性的关系，就无法对这一节下结论。使用一副手套就能很方便地介绍这个问题。如果你对一副手套中的左右两只进行比较（图21），就会发现它们的所有测量数据都相同，但同时又有一个显著的区别，导致你无法将左手手套戴在右手上，反之亦然。不管你如何随心所欲地翻转并扭曲它们，右手手套永远是右手的，左手手套也永远是左手的。同样的左右区分在鞋子的构造、汽车舵向（美国左舵，英国右舵）、高尔夫球杆和许多其他东西上均有体现。

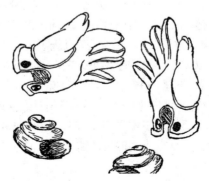

图21 右手用的和左手用的物体看起来似乎一样，但又不同

另有许多诸如男式礼帽、网球拍等物品就没有这方面的差异——没有人会做去商店订一打左撇子专用茶杯这种蠢事，也不会有人做出到邻居那里借一把左撇子专用扳手这样胡闹的事。这两类物品有什么不同？稍微思考一下，你就会注意到，礼帽或茶杯这类物体具有一个对称面，沿着对称面可以将这类物体分割成一模一样的两半。手套或鞋子则不具有这样的对称面，你做再多尝试，都无法将手套分割成一模一样的两部分。如果某个物体不具有对称面，它就是不对称物体，不对称物体拥有两种不同的修饰——右手用和左手用。不仅手套、高尔夫球杆这种人造物品具有这种差异性，自然界中也经常出现。比如，两个品种的蜗牛可能在其他方面都一模一样，唯独壳不同：一种蜗牛的外壳是顺时针旋转，另一种则是逆时针。即便是分子（构成所有物质的基本粒子），也大都具有右旋和左旋的结构，与右手和左手手套或顺时针和逆时针的蜗牛壳十分相似。当然，分子是看不见的，但它的不对称性会通过由它构成的物质的晶体结构和光学性质体现出来。比如，糖分为右旋和左旋，吃糖的细菌也分为两种，一种只吃左旋糖，而另一种只吃右旋糖，信不信由你。

上文我们提到过，要将右手用的物体变成左手用的物体似乎是不可能的。真是如此吗？有没有人能想象出一个能够使之成为可能的奇特空间？为了回答这个问题，让我们先代入二维空间居民的视角来思考这个问题，这样就可以用三维视角进行观察。图 22 中给出了一些可能居住在二维空间的居民的例子。手里拿着一串葡萄站着的人可以被称为"正面人"，因为他只有正面，没有侧面。旁边的动物是一头"侧脸驴"，或者说得更具体些，是一头"右侧脸驴"。当然，我们也可以画一只"左侧脸驴"，因为这两头驴都局限于平面，所以从二维的角度来看，它们的区别就和我们正常空间中的右手手套和左手手套一样。你没法儿把一头"左侧脸驴"和一头"右侧脸驴"重叠在一起，因为要想让它们的鼻子和尾巴重合，必须把其中一头驴翻转过来，但如果这样做，它就会四脚朝天了。

但如果你把一头驴从平面中拿出来，在三维空间中翻个面儿再放回去，这两头驴就会变得一模一样。按照同样的道理，我们可以说：右手手套可以变成左手手套，我们只需将右手手套拿出三维空间，在第四维度以适当的方式翻转，然后放回三维空间就可以了。但是我们所在的三维空间并没有第四个维度，所以上述的方法是不可能的。那就没有别的办法了吗？

图22　生活在平面上的二维"影子生物"。这种二维生物的生活并不有趣。这个人有正面却没有侧脸，他无法把手里的葡萄放进嘴里。旁边的驴倒是可以吃那葡萄，但它只能向右前进，要想回到左边就只能后退。这对驴来说倒也不是什么天大的难事，但总归不方便

好吧，让我们再次回到二维世界，但这次我们不研究图22中的普通平面了，而是研究所谓的"莫比乌斯曲面"（surface of Möbius）。莫比乌斯曲面以一位德国数学家的名字命名，这位数学家在大约一个世纪前首次研究了该曲面。制作该曲面非常容易，只需将一条普通的长条纸扭一下，再粘成一个环，如图23。莫比乌斯曲面有很多特殊的性质，只要拿一把剪刀沿着与曲面边缘平行的方向（沿着图23中的箭头）剪开，就能发现它的一项特性。你一定会觉得这样做的结果会将它剪成两个独立的环。你亲手做一下就会发现自己猜错了：并不会得到两个环，而会得到一个和原来的环相比长度为两倍、宽度为一半的环！

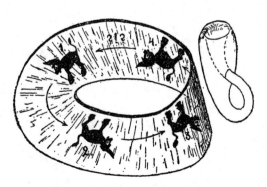

图23　莫比乌斯曲面和克莱因瓶

　　现在让我们看看，如果影子驴在莫比乌斯曲面上行走会发生什么。假设它从 1 号位（图 23）开始前进，此时它是"左侧脸驴"。它不停地前进，经过了图片中的 2 号位和 3 号位，最后逐渐接近它的出发点。但出乎意料，我们的小驴子发现自己最后（4 号位）呈现出一个尴尬的姿势——四脚朝天。当然，它可以在所处的平面上翻个跟头，这样就能重新脚踏实地，但这样一来，就不是面朝左边了。

　　简而言之，通过在莫比乌斯曲面上行走，我们的"左侧脸驴"变成了"右侧脸驴"。而且请注意，这个过程中并没有将驴子带入三维空间翻面，它一直留在曲面上。因此，我们不难发现，在扭曲的曲面上，只需让右手用的物体通过曲面上扭曲的部分，就可以变成左手用的物体，反之亦然。图 23 所示的莫比乌斯环实际上代表着另一个更具普遍性的面的一部分，那就是克莱因瓶（如图 23 的右边所示），它只有一个可以自行封闭的曲面，且没有明显的边界。如果在二维平面上可以实现物体转换，那么只要三维空间能够以适当的方式扭曲，同样的事情也一定能发生。当然，三维空间中的莫比乌斯式扭曲很难想象。我们无法像观察驴所在的表面那样从外部观察我们所在的空间，当你身处其中时，总是很难看清事物的全貌。但宇宙是一种以莫比乌斯环的方式扭曲的自闭空间这件事并非完全不可能。

　　如果这种猜测是真的，那么宇航员环游宇宙一圈回来后就会变成左撇子，而且心脏也会换到右边。手套和鞋子的制造商也有可能从中获利：他们可以只生产单边的鞋子和手套，然后让一半库存环游宇宙一周，变成另一侧身体需要的样子，这样就能简化生产流程了。

　　至此，关于特殊空间和特殊性质的研究就在这个奇妙的想法中画下了句号。

第四章　四维世界

1. 时间是第四维度

　　第四维度这一概念常常蒙着一层神秘的面纱。我们这些被长、宽、高限制的生物，怎么敢妄谈四维空间呢？我们能凭三维的智商想象出一个四维空间吗？四维立方体或球体是什么样的呢？如果要"想象"一条尾巴上布满鳞片、鼻孔里喷着火的巨龙，或一架机翼上有一个泳池和好几个网球场的超大客机，你其实是在想象它们出现在你面前时的样子，并在脑海中将它们描绘了出来。并且，这幅画的背景是我们熟知的三维空间，包括你自己在内，所有普通物体都存在于这个空间中。如果这就是"想象"这个词的意思，那么想象一个处在三维空间中的四维图像，和把三维物体挤进一个二维平面一样不可能。但是等一下，在某种意义上，我们可以通过画出三维物体的图像，把它们放进一个平面。要完成这种操作，当然不会使用液压机，而是会用到被称作"投影"的方法。看一下图 24 就能理解将物体（比如马）挤进平面的两种方式之间的区别。

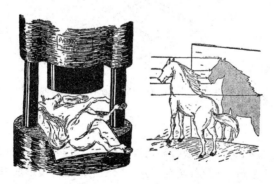

　　图 24　将三维物体"挤压"到二维平面上的错误方法（左）和
正确方法（右）

　　按照同样的道理，我们虽然无法将四维物体不露边角地完全"挤"进三维空间，却可以将四维物体"投影"进我们三维的空间。但是必须记住，就像三维物体的平面投影是二维图形一样，四维物体在我们所在的空间中的投影也将是三维图形。

为了更清楚地解释这个问题，让我们首先想象一下生活在平面上的二维影子生物是如何构想三维立方体的概念的——这并不难，因为我们是三维生物，所以可以从上面——也就是从第三个方向——观察二维世界。图25所示的就是将立方体"投射"到平面上的唯一方法。通过观察这个投影，以及转动原立方体可以得到的其他各种投影，我们的二维朋友们至少能对这个被称为"三维立方体"的神秘图形的性质有些概念。他们虽然不可能从平面上"跳出来"，像我们一样直观地看到这个立方体，但是单纯通过观察它的投影，就能知道这个立方体有8个顶点和12条边。现在再看看图26，你会发现自己同那些正在检查普通立方体在平面上的投影的可怜二维生物们处于同一境地。事实上，这些惊讶的成员正在研究的复杂结构正是四维超立方体在三维空间中的投影。①

图25　二维生物正惊奇地看着投射在平面上的三维立方体的阴影

仔细检查图26，你能很容易地辨识出其中某些特征与图25中困扰影子生物的特征相同：一个普通立方体在一个平面上的投影是由两个正方形构成的，一个正方形在另一个内部，它们的顶点彼此相连，而一个超立方体在普通三维空间中的投影是由两个立方体构成的，一个正方体在另一个内部，它们的顶点以类似的方式彼此相连。通过计数不难看出，一个超立方体总共有16个顶点、32条边和24个面。真是个了不得的立方体，不是吗？

---

① 更确切地说，图26给出的是一个四维超立方体在三维空间中的投影在纸面上的效果。

图 26 来自四维空间的访客！一个四维超立方体的正面投影

现在让我们看看四维球体是什么样的。在那之前，我们最好先看一个比较熟悉的例子，即一个普通球体在平面上的投影。比如，想象一个标有陆地和海洋的透明地球仪在白色墙壁上的投影（图 27）。投影上的两个半球肯定是重叠的，而且，从投影上看，从美国纽约到中国北京的距离是很短的。不过这只是一种感觉。事实上，投影上的每一个点都代表了球体上两个相对的点，而一架从纽约飞到中国的飞机在地球仪上的投影，会一直移动到平面投影的边缘，再一路折返回来。如果两架飞机"实际上"位于地球的两侧，那么尽管它们在图像中的投影可能会重叠，但它们却不会相撞。

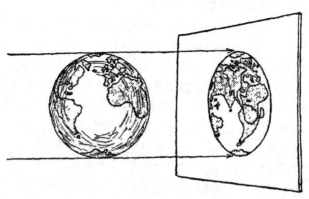

图 27 地球仪的平面投影

　　这就是普通球体平面投影的性质。稍稍发挥我们的想象力，不难想到四维超球体的三维空间投影是什么样子。正如一个普通球体的平面投影是两个圆盘（点对点）沿着外圆周长重叠在一起，我们也必须将超球体的三维空间投影想象成两个球体沿外表面重叠在一起。但是，我们在前一章用封闭球面类比封闭三维空间的例子中，已经讨论过这样一个特殊的结构了。因此，我们只需在这里再提一句：四维球体的三维投影只不过是我们之前讨论过的类似双重苹果的东西，只不过这两个普通苹果完全沿着果皮重合在一起了。

　　同样，通过类比的方法，很多关于四维图形性质的问题都能得到解答，不过，虽然我们可以做诸多尝试，却永远无法真正"想象"三维空间中的第四个维度。

　　但如果你想得再深入一些，就会发现，构想第四个方向完全没有必要搞得这么神秘。事实上，物理中确实有一个可以被视为第四个维度的东西，人们称它为时间。时间与空间的组合经常被用于描述发生在我们身边的事件。当我们描述宇宙中发生的任何事情时——不管是在街上偶遇了一个朋友，还是某颗遥远的恒星发生了爆炸——我们不仅会提到事发地点，还会提到事发时间。因此，其实我们已经为三维空间中的事件引入了第四个维度：日期。

　　如果你进一步思考这个问题，很容易就能发现每个物理对象都有四个维度，三个在空间上，一个在时间上。如此一来，你住的房子的范围由它的长度、宽度、高度和时间决定，时间的范围由房子建成到它最终被烧毁、被拆迁队拆掉或者老化倒塌时经历的总时间决定。

　　可以肯定的是，时间的方向与空间的三个方向并不完全相同。时间间隔由时钟测量，时钟的嘀嗒声用来表示秒，叮咚声用来表示小时，而空间间隔则是用标尺来衡量的。虽然你可以用同样的标尺来测量长度、宽度和高度，但你不能把标尺变成能够测量时间长短的时钟。同样，虽然你可以在空间中向前、向右或向上移动，最后再回到原地，但却不能使时间倒流，只能随着时间的流逝从过去到未来。但是，尽管时间的方向和空间的三个方向之间存在很多差异，我们仍然可以把时间作为第四个维度，但同时也要注意不能忘记它们之间的差异。

　　以时间为第四维度来想象我们在本章开头提到的四维图像就会简单得多。还记得那个四维立方体的奇怪投影图形吗？16个顶点、32条边、24个面！难怪图26中的人会如此惊讶地盯着这个几何怪物。

按照我们的新视角来看，四维立方体只不过是个存在了一段时间的普通立方体。假设你在五月的第一周用 12 根笔直的金属丝做了一个立方体，一个月后把它拆掉，那么现在这个立方体上的每个顶点都必须被看作一条沿着时间轴延伸了一个月的线。你可以在每个顶点上贴一小本日历，每天翻页以便显示时间进度。（如图 28）

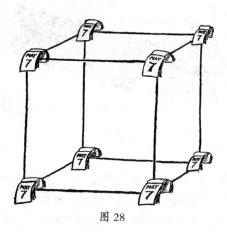

图 28

现在，数出这个四维图形中的边的数量就很容易了。它在存在之初时，有 12 条边，在时间维度上还拥有 8 个顶点延伸出的 8 条边，在即将消失之时，它在三维空间里有 12 条边。[①] 总共 32 条边。同理得出共有 16 个顶点：5 月 7 日有 8 个空间顶点，6 月 7 日也有 8 个空间顶点。计算这个四维图形有多少个面就留给大家自己练习吧。计算过程中请务必记住，其中一些面是原立方体的普通方形面，而其他面则是由立方体原边从 5 月 7 日延伸到 6 月 7 日所形成的"半空间半时间"的面。

我们在这里讨论的四维立方体当然也可以是任何其他几何图形，无论它有无生命。

确切地说，你可以把自己想象成一个四维图形，就像一根从你出生那一刻延伸至寿命终结的长橡胶棒。遗憾的是，人们并不能在纸上画出四维物体，所以在图 29 中我们试图表达如下想法：对生活在平面上的二维影子人来说，时间方向对他来说就像是垂直于他所在平面的空间方向。这幅画

[①] 如果你还是不理解，想想一个有四个顶点和四条边的正方形沿着垂直于其表面的方向（第三个方向）移动与它的边长相等的距离。

只是我们这位影子人全部生命中的一小部分。他的全部生命应该是一根更长的橡胶棒，开头很细，因为那时他还是个婴儿，然后随着年龄增长一路延伸，最终在死亡之时达到静止形态（因为死人不会动）并开始瓦解。

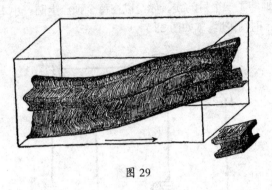

图 29

如果想要更严谨一些，我们必须说这根四维棒是由无数独立的纤维组成的，每一根纤维又是由独立的原子组成的。在整个生命周期中，这些纤维大多都聚在一起，只有一小部分会脱落，比如被剪掉的头发或指甲。由于原子的不可摧毁性，人死后的躯体瓦解其实应该被看作是四散向各个不同方向的独立纤维丝（可能不包括构成骨骼的纤维丝）。

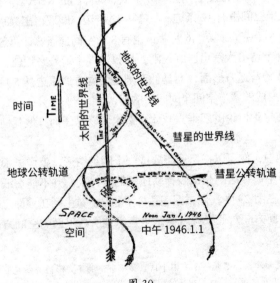

图 30

5

　　用四维时空几何学的术语来说，代表每个物质粒子的运动历史的线被称为"世界线"。同理，我们可以将组成一个复合体的一束世界线称为"世界带"。

　　在图 30 中，我们给出了一个天文学示例，展示了太阳、地球和彗星的世界线。[1] 和前面影子人的例子一样，在图 30 中，我们以地球公转轨道平面为二维空间，并使时间轴垂直于该平面。图中，太阳的世界线表示为一条平行于时间轴的直线，因为我们认为太阳是不动的。[2] 地球的世界线在靠近太阳的圆形轨道上以太阳时间线为中心螺旋延伸，而彗星的世界线先是接近了太阳线，然后又再次远离。

　　现在我们能够看出，如果从四维时空几何学的视角出发，宇宙的全貌和历史融合成了一幅和谐的图，因此我们只需研究一堆错综复杂的世界线，它们代表着每个原子、动物或恒星的移动轨迹。

2. 时空对等

　　如果把时间看作与三种空间维度差不多等价的第四维度，我们需要先解决一个相当困难的问题。在测量长、宽、高时，我们可以使用相同的单位，比如 1 英寸或 1 英尺。但时长却不能用英尺或英寸来衡量，而是必须用到诸如分钟或小时这样完全不同的单位。如何比较这两种单位呢？如果我们构想出一个长宽高都是 1 英尺的四维立方体，它要在时间轴上延伸多长时间才能保证它的第四维尺寸与其他三维相等呢？是 1 秒、1 小时，还是我们之前的例子中假设的 1 个月呢？ 1 小时比 1 英尺长还是短呢？

　　这个问题乍一听似乎毫无意义，但如果仔细想想，你就会发现一个合理的比较距离和时长的方法。你一定常常听人说起：某人住的地方"从市中心出发乘公交车不到 20 分钟"，或者到某个地方"坐火车只需要 5 小时"。在这些例子中，我们通过给定交通工具走完指定距离所需的时间，将距离和时长联系起来。

　　因此，如果我们能找到一种公认的标准速度，应该就能用长度单位来表示时间间隔了，反之亦然。显然如果该标准速度要成为空间和时间之间

---

① 这里应该用"世界带"更恰当，但从天文学的观点来看，恒星和行星可以被看作点。
② 其实，相对于恒星来说，太阳是运动的，因此如果我们讨论的是恒星系统，太阳的世界线其实应该稍微偏向一边。

的基本转换因子，那它必须具备与空间和时间同等的基础性与通用性，不能随着人类的主观性或物理环境而改变。物理学中唯一已知的具有这种通用性的速度是光在真空中的传播速度。虽然这一速度通常被称为"光速"，但其实称它为"物理相互作用的传播速度"更合适，因为作用于物质之间的每一种力，无论是电引力还是重力，都是以相同的速度在真空中传播的。此外，我们稍后会看到，光速是所有物质可能达到的速度上限，空间中的任何物体都不可能以超出光速的速度运动。

17世纪，意大利著名科学家伽利略·伽利莱（Galileo Galilei）首次尝试了测量光速。在一个漆黑的夜晚，伽利略和他的助手带着两盏装有机械开关的提灯走进了佛罗伦萨附近的旷野。两人的位置相隔几英里，伽利略在某个时刻打开了他的提灯，向他助手的方向发出一束光（图31A）。助手一旦看到来自伽利略的光信号就立刻打开提灯。光从伽利略到助手，再返回伽利略处一定需要些许时间，因此，当伽利略看到助手返回来的灯光的那一刻，一定比伽利略打开提灯的那一刻延迟了一定的时间。而实际上，两人也确实注意到了一个短暂的延迟，但当伽利略把他的助手送到一个远两倍的位置，然后重复这个实验时，延迟的时长并没有增加。显然，光移动得如此迅速，以至于几英里的距离几乎没花什么时间。而伽利略所观察到的延迟只是因为他的助手无法一看到光就立刻打开手中的提灯——我们现在称这种延迟为反射延迟。

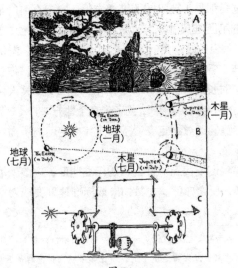

图 31

　　虽然伽利略的实验没有得到任何实际结果，但他的另一项发现——木星的卫星——为人类第一次实际测量光速打下了基础。1675 年，丹麦天文学家罗默（Roemer）在观测木卫食时注意到：两次木卫食之间的间隔并非恒定，而是时长时短，具体取决于木卫食发生时木星和地球的距离。罗默马上意识到（稍后可以仔细研究图 31B），这种效应并不是因为木星卫星的运动不规律，而是因为木星和地球之间的距离一直在变，所以我们看到这些木卫食时存在不同时长的延迟。根据他的观测，我们能算出光速大约为每秒 18.5 万英里。难怪伽利略无法用他的装置测量光速，因为他的提灯发出的光在他与助手之间来回一趟只需要几十万分之一秒！

　　虽然伽利略没能用他简陋的提灯完成实验，但后世利用更先进的物理仪器做到了。图 31C 展示了法国物理学家菲索（Fizeau）首次利用图中装置在相对较小的距离内测量光速。他的装置主要由两个嵌在同一轴承上的齿轮组成，如果你从平行于轴承的方向观察齿轮，就会发现第一个齿轮的轮齿恰好遮住第二个齿轮的齿槽。因此，无论轴承怎么转动，与轴承平行的细光束都无法通过。假设这个双齿轮装置正在快速旋转。因为光通过第一个齿轮上的齿槽后，必须经过一段时间才会到达第二个齿轮，所以，如果在这段时间中，齿轮系统转动了一个齿槽的宽度，光就能通过。这个情景很像一辆汽车行驶在配有同步红绿灯的大道上。如果齿轮的转速是原来的两倍，那么当光线到达时，就会碰上第二个齿轮的轮齿，从而停止前进。但是提高转速，轮齿就会离开光的路径，下一个齿槽将出现在光的路径上，于是光又会再次通过装置。因此，留意光的连续出现和消失以及相对应的转速，人们就能够估算出光在两个齿轮之间移动的速度。为了辅助实验，降低实验所需的转速，可以加长光从第一个齿轮到第二个齿轮的距离——利用图 31C 所示的镜子可以做到这点。在这个实验中，菲索发现，当仪器以每秒 1000 转的速度旋转时，他第一次透过离他较近的齿轮齿槽看到了光线。这就证明，在这个转速下，轮齿转过一个齿槽宽度的时间，就是光从一个齿轮到另一个齿轮所需的时间。因为每个齿轮有 50 个大小相同的轮齿，那么齿槽的距离显然就是齿轮周长的 1/100，而齿轮转过一个齿槽宽度的时间，也是齿轮转动一整圈的 1/100。将这些计算结果与两个齿轮之间的距离联系起来后，菲索得出的光的传播速度是每秒 30 万公里或 18.6 万英里，这与罗默观察木卫所得的结果差不多。

　　随后，人们又站在这些巨人的肩膀上利用天文学和物理学的方法进行了大量的独立测量。目前关于光速（通常用字母"c"表示）最精确的估算是：

c=299 776 千米 / 秒或 186 300 英里 / 秒。

光的速度极快，所以非常适合度量天文距离，毕竟天文距离的数值如此庞大，如果要用英里或公里来表示，那整页纸都会被数字符号填满。因此，天文学家会说某颗恒星距离我们 5 "光年"，这就和我们说去一个地方坐火车要 5 小时是一个道理。因为 1 年有 31 558 000 秒，所以 1 光年相当于 31558000× 299776=9460 亿千米或 5879 亿英里。在用 "光年" 这个术语来表示距离时，我们实际上已经认识到时间是一个维度，而时间单位也可以用来度量空间。同理，我们也可以反过来说 "光英里"，意思是光穿过 1 英里的距离所需要的时间。利用上面的光速数值，我们可以算出 1 光英里等于 0.0000054 秒。同理，1 "光英尺" 等于 0.000000001 秒。这就回答了我们在前一节中讨论过的关于四维立方体的问题。如果那个立方体的长宽高都是 1 英尺，那么其对应的空间时长就只有 0.000000001 秒，如果这个 1 立方英尺的空间立方体存在一个月，那么毫无疑问，它是一个在时间轴上被拉得极长的四维棒。

3. 四维距离

解决了关于空间轴和时间轴的单位可比性的问题后，是时候问问自己如何理解四维时空世界中两点之间的距离了。必须记住，在四维时空世界中，每个点都是位置和时间日期的组合，对应我们通常所说的 "一个事件"。为了阐明这一问题，让我先以下面两个事件为例：

事件一：1945 年 7 月 28 日上午 9：21，位于纽约市第五大道和 50 号街交汇处一楼的某家银行遭到抢劫。[1]

事件二：同一天的上午 9：36，一架军用飞机在大雾中迷失方向，撞进了位于纽约市第五大道、第六大道之间的第 34 街帝国大厦 79 层（图 32）。

这两个事件之间的空间距离为 16 个南北向街区、半个东西向街区和 78 层楼，时间间隔为 15 分钟。显然，我们没必要为了描述这两个事件之间的空间间隔去注意大道、街区和楼层的数量，因为根据著名的毕达哥拉斯定理，空间中两点之间的距离是它们坐标距离的平方和的平方根（图

[1] 如果那个地方真有一家银行，实属巧合。

32，右下角）。当然，为了应用毕达哥拉斯定理，我们必须先将所有相关距离的单位统一，比如英尺。如果一个南北向街区的长度为 200 英尺，一个东西向街区的长度为 800 英尺，帝国大厦一层楼的平均高度为 12 英尺，那么这三个坐标距离分别为南北向 3200 英尺、东西向 400 英尺、垂直向 936 英尺。利用毕达哥拉斯定理，我们得出两个位置之间的直线距离为：

$$\sqrt{3200^2+400^2+936^2} \approx \sqrt{11280000} \approx 3360 \text{ 英尺}$$

图 32

如果将时间作为第四维度这个概念真的有实际意义的话，现在我们应该可以把 3360 英尺这个空间距离和 15 分钟这个时间间隔结合起来，从而得到这两个事件之间的四维距离。

根据爱因斯坦最初的想法，只需推理一下毕达哥拉斯定理，就能算出这种四维距离。并且，比起独立的空间距离和时间间隔，这种四维距离对事件之间的物理关系的影响更大。

如果我们想把空间和时间的数据结合起来，首先，我们必须用可比较的单位来表示它们，就好像街区的长度和楼层间距都必须用英尺来表示一样。正如我们前面提到的，将光速作为转换因子就可以轻松做到这点。这样一来，15 分钟的时间间隔就变成了 8000 亿"光英尺"。依据毕达哥拉斯定理，我们会发现，要计算的四维距离应该等于所有四个坐标的平方和的平方根，即三个空间距离和一个时间间隔。但是，如果要这样做，我们就得完全消除空间和时间的差异，这实际上就等于承认了空间度量和时间度量之间可以相互转换。

　　然而，没有人能给标尺盖块布、挥一下魔杖，再念一句魔咒"时间来，时间去，变！"，就把它变成一个崭新的闹钟！就算是伟大的爱因斯坦也做不到。（图 33）

图 33　爱因斯坦不会变魔术，但他做事情比变魔术更伟大

　　因此，如果我们想在毕达哥拉斯定理中以空间的形式表示时间，那么我们必须用非常规的方法，以便保留它们的一些自然差异性。

　　根据爱因斯坦的发现，应用毕达哥拉斯定理公式时，代表时间的坐标平方前加一个负号就能够强调空间距离和时长之间的物理差异。因此，我们可以把两个事件之间的四维距离表示为三个空间坐标的平方和减去时间坐标的平方和的平方根，当然，时间坐标要用空间单位表示。

　　因此，银行劫案与飞机事故之间的四维距离的计算如下：

$$\sqrt{3200^2 + 400^2 + 936^2 - 800000000000}$$

　　第四项的数值与其他三项相比大了很多，这是因为我们的示例都来自"普通生活"，按照普通生活的标准来看，合理的时间单位已经非常小了。如果我们研究的不是纽约市范围内发生的两个事件，而是以整个宇宙为背景选取示例，得到的数据可比性就会好得多。比如，如果我们的第一个事件是，"1946 年 7 月 1 日上午 9 点第一颗原子弹在比基尼环礁爆炸"，第二个事件是，"同一天上午 9：01，一颗陨石落在火星表面"，那么这两个事件的时间间隔就是 5400 亿光英尺，而空间距离则是 6500 亿英尺。

　　在这个例子中，两个事件之间的四维距离就等于：$\sqrt{(65\times10^{10})^2 - (54\times10^{10})^2} = 36\times10^{10}$ 英尺，这个结果从数值上来看，和单纯空间距离及时间间隔都不太一样。

当然，也许会有人反对这种区别对待一个坐标，让它与其他三个不同的几何学，这也合乎情理，毕竟它看起来有些荒谬。但这些人同时应该记住，任何用来描述物理世界的数学系统必须与被描述的事物相适应，如果空间和时间在它们的四维结合体中的表现确有所不同，那么四维几何定律也必须体现出这种不同。此外，有一个简单的补救方法，可以使爱因斯坦的时空几何学看起来和我们在学校里学的经典老式欧几里得几何学一样。这种补救方法由德国数学家闵可夫斯基（Minkovskij）提出，其主旨思想是将第四坐标看作一个纯粹的虚数。本书第二章提过，人们可以通过将一个普通数字乘以 $\sqrt{-1}$ 使其变成虚数，用这种虚数可以很方便地解决各种几何问题。根据闵可夫斯基的观点，为了将时间用作第四坐标，不仅要将其转化为空间单位，还要将它乘以 $\sqrt{-1}$。因此，我们这个例子中的四个坐标距离会变成：

第一个维度上的距离：3200 英尺

第二个维度上的距离：400 英尺

第三个维度上的距离：936 英尺

第四个维度上的距离：$8 \times 10^{11} \times i$ 光英尺

现在，我们可以用以上这四个维度距离的平方和的平方根来计算四维距离。这样一来，因为虚数的平方都是负数，从数学角度来说，闵可夫斯基坐标系下正常的毕达哥拉斯方程式和爱因斯坦坐标系下看似不合理的毕达哥拉斯方程式是相等的。

有一个故事，讲的是一位患有风湿病的老人询问他健康的朋友如何避免患上风湿。

对方回答："每天早上洗个冷水澡。"

"哦！"患风湿病的老人说，"风湿你倒是没有，反而遭了冷水澡的罪了。"

好吧，如果你不喜欢看似患了风湿的毕达哥拉斯定理，那就试试含有虚数时间坐标的冷水澡吧。

时空世界中第四个坐标是虚数，那么四维距离势必会有两种不同的物理类型。

事实上，在上述提到的纽约市的例子中，两个事件之间的三维距离数值小于时间间隔数值（单位统一时），所以毕达哥拉斯方程式中根号下的表达式为负值，也就是说，此种情况下的广义四维距离为虚数。但是，在另一些时长小于空间距离的情况中，根号下数值为正。这就意味着在这种情况下，两个事件之间的四维距离是个实数。

如上所述，因为空间距离是实数，而时长则是虚数，我们可以认为，实数的四维距离与普通空间距离的关系更密切，而虚数的四维距离则与时间间隔的关系更密切。根据闵可夫斯基的术语，第一类四维距离称为"类空距离"（spatial），第二类四维距离称为"类时距离"（temporal）。

我们将在下一节看到，类空距离可以被转换成常规空间距离，类时距离也可以被转换为常规时间间隔。只不过，这两种距离一个是实数，一个是虚数，所以时钟和标尺之间的相互转换始终存在着不可逾越的障碍。

第五章　时空的相对性

1. 时空的相互转换

数学界试图在单一的四维世界中论证时间与空间的统一性，这种做法虽然无法完全将距离与时长对等，却展示出了这两个概念之间的相似性，且该相似性远超爱因斯坦时期之前的物理学所能达到的高度。事实上，如今我们必须将各种事件的空间距离和时间间隔想成这些事件的四维距离在空间轴与时间轴上的投影，如此一来，一旦旋转这个四维坐标轴，就可能导致部分空间与时间的相互转换。不过，所谓四维时空原点的旋转是什么意思呢？

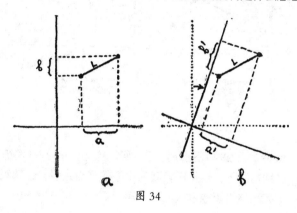

图 34

先来看看图34a中由两条空间轴构成的坐标系，假设我们有两个坐标点，它们之间的距离为L。将这段距离投影在坐标轴上，我们会发现这两点在第一个轴上相隔a英尺，在第二个轴上相隔b英尺。如果我们以原点为中心，按照特定角度旋转该坐标轴（图34b），距离L在两条坐标轴上的投影长度就会改变，得到新的数据a'和b'。但是，根据毕达哥拉斯定理，图34a和图34b中两轴上投影长度的平方和的平方根是相等的，因为它们都和实际距离L直接相关，而L的长度不会随着坐标系的旋转而改变。因此：

$$\sqrt{a'^2+b'^2} = \sqrt{a^2+b^2} = L$$

我们如果选取不同的坐标系，L在两个轴上的投影的值会发生变化，但它们平方和的平方根始终保持不变。

现在，我们将该坐标系中的一条坐标轴看作空间距离，另一条看作时间间隔。如此一来，刚才示例中的两个坐标点就变成了两个固定事件，而两条坐标轴上的投影则分别代表了它们在空间和时间上的间隔。将这两个事件想象成上一章中论及的银行劫案和飞机事故，我们就能画出与两条空间坐标轴构成的坐标系（图 34a）十分相似的图 35a 来。现在，如果要旋转这个坐标系，我们必须要做的是什么呢？答案非常出乎意料，甚至令人费解：如果你想旋转时空坐标系，搭个公交车吧。

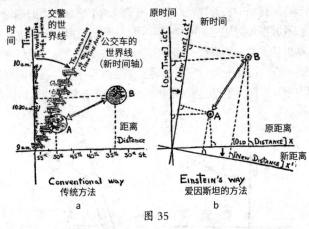

图 35

好吧，假设 7 月 28 日的清晨，我们真的坐在一辆开往第五大道的公交车上。在这种情况下，根据以自我为中心的观点来看，最感兴趣的问题无非是银行劫案和飞机事故发生的地点离我们的公交车有多远，毕竟距离决定了我们能否目睹这一切。

如果你看一下图 35a，就会立刻注意到，图 35a 中列出的由公交车的连续位置组成的世界线和银行劫案与飞机事故的事件发生点之间的距离和记录中的距离不同（假设是站在街角的交通警察记录的吧）。由于公交车沿着大道行驶，每 3 分钟前进一个街区（这在纽约繁忙的交通中并不罕见！），从公交车上看，这两个事件之间的距离会变得越来越小。事实上，因为早上 9 点 21 分，公交车正穿过 52 号街，此时发生的银行劫案就在两个街区之外。而当飞机事故发生时（上午 9 点 36 分），公交车已经在 47 号街了，也就是离坠机现场 14 个街区。如此一来，相对于公交车来说，银行劫案和飞机事故之间的距离应该是 14-2=12 个街区，而相对于城市建筑来说，则是 50-34=16 个街区。再看看图 35a，我们会发现公交车记录的距离并非对应之前的纵轴（静止不动的交警的世界线），而是对应代表公交车世界线的斜线，因此，公交车世界线成了新的时间轴。

　　刚才讲的这"一大堆细节"可以总结如下：如果要以移动的交通工具为参照物绘制事件的时空图，必须将时间轴旋转一定的角度（具体角度取决于交通工具的速度），而空间轴保持不变。

　　虽然从经典物理学和所谓的"常识"角度来看，这个总结都是正确的，但其实它与我们关于四维时空世界的新观点有冲突。因为，如果把时间看作独立的第四坐标，那么无论我们是坐在公交车上、电动车上，还是走在人行道上，时间轴都必须始终与三条空间轴垂直！

　　这一点，我们可以遵循以下两种思路中的任意一种。要么保留传统的时空观点，放弃对统一时空几何学的深入研究；要么打破由"常识"支配的旧观点，认定在我们的时空图中，空间轴必须随着时间轴转动，以确保两者始终保持相互垂直（图35b）。

　　转动时间轴意味着从物理角度看，以移动的交通工具为参照物，两个事件的空间间隔会有所不同（前面示例中的12和16个街区），同理，转动空间轴也就意味着以移动的交通工具为参照物，两个事件的时间间隔会不同于在地面上某静止位置所观察到的两个事件的时间间隔。因此，如果从市政厅的时钟来看，银行劫案和飞机事故的时间间隔是15分钟，那么公交车乘客的手表所记录的时间间隔肯定会有所不同——这不是因为机械缺陷导致两个时钟的速度不同，而是因为在行驶速度不同的交通工具中，时间的流逝速度本就不同，所以用来实际记录时间的装置也相应地变慢了。不过，以公交车缓慢的行驶速度来说，这种延迟根本微不可察。（本章将对这一现象进行更详细的讨论。）

　　再举一个例子，假设有一个人在行驶的火车餐车中吃晚饭。从餐车服务员的角度来看，他吃前菜和甜品时都在同一个位置（靠窗的第三张桌子）。但对于站在铁轨旁看着车窗的两个扳道工来说——一个扳道工恰好从车窗看到他在吃前菜，另一个恰好看到他在吃甜品——这两个事件的发生地点相隔了数英里。因此，我们可以说：在某一个观察者眼中发生于同一地点、不同时刻的两个事件，对于另一个处于不同状态或不同运动状态的观察者来说，可能发生于不同地点。

　　考虑到我们希望时空具有对等性，也可以将上面句子中的"地点"和"时刻"对调位置。那么这句话就变成了：在某一个观察者眼中发生于同一时刻、不同地点的两个事件，对于另一个处于不同状态或不同运动状态的观察者来说，可能发生于不同时刻。

在我们的餐车例子中，可能会出现这样的状况：尽管服务员发誓说坐在车厢两头的两名乘客在同一时刻点燃了香烟，但静止站立在铁轨旁趁火车经过时看向车窗内的扳道工一定会坚持认为是某一位乘客先点了烟。

因此：对某个观察者来说同时发生的两个事件，在另一个观察者的眼中可能隔了一段时间。

这些都是四维几何学中不可避免的结果，因为在四维几何中，空间和时间只是恒定不变的四维间隔在相应坐标轴上的投影。

2. 以太风和天狼星之旅

现在我们扪心自问，仅仅因为想要运用四维几何学语言，就可以颠覆我们习以为常的时空观吗？

如果答案是肯定的，我们就得挑战整个经典物理学体系，这个体系的基础是伟大的艾萨克·牛顿于两个半世纪前提出的时空定义："绝对空间从根本上来说，与外界任何事物无关，且始终静止不变"，"从本质上说，绝对的、真实的数学时间，始终在匀速流逝，与外界任何事物无关"。写下这些句子时，牛顿肯定觉得自己在陈述什么亘古不变、没有争议的真理——他只是精准地描述了对任何有常识的人来说都显而易见的时空概念。事实上，这些关于时空的经典观点具有绝对的正确性——哲学家们常常将它当作公理，科学家们（更别说外行们了）也不曾提出异议，因而未进行过任何复审和重申。那么，为什么我们现在要重提这个问题呢？

答案是——我们之所以抛弃有关时间、空间以及它们无法在四维图像中得到统一的经典时空观，并非单纯被爱因斯坦理论所吸引，也不是想要竭力宣传他的数学天赋，而是因为实验研究中不断发现的一些事实无法用"空间和时间彼此孤立"的经典理论解释。

1887 年，美国物理学家 A. A. 迈克耳孙（A. A. Michelson）做了一个看似不起眼的实验，让这座美丽、永恒的经典物理学城堡的根基首次被撼动，动摇了这座精美建筑上的每一块石头，墙壁土崩瓦解，就像约书亚的号角吹响之时的耶利哥之墙[1]。迈克耳孙的实验理念非常简单，还有具体的

---

① 《圣经》传说中不可摧毁的极强堡垒——耶利哥城的城墙，最终在耶和华的帮助下粉碎于约书亚吹起的号角声中。——译者注

设计图：光是一种波形运动，并在所谓的"以太"介质中传播。以太是一种均匀遍布在星际空间中并且填满了所有物质原子之间间隔的假想物质。

扔一块石头到池塘里，水面会泛起涟漪，向四面八方扩散。来自任何明亮物体的光同样以波的形式泛起涟漪，音叉振动产生的声音也是如此。但是，尽管水面上的波纹清楚地显示出了水分子的运动，声音是声波在空气中或其他物质中传播时所产生的振动，但我们却找不到任何能够传递光波的介质。事实上，光如此轻松（相比于声波来说）地在空气中传播，就好像空气中似乎完全是空的！

但是，当谈到光的振动不需要介质时，就显得十分不合逻辑，所以物理学家们不得不引入了一个新概念——"光介质以太"，以便在解释光的传播时，为动词"振动"提供一个实质性的主语。单纯从语法的角度来说，任何动词都必须有相对应的主语，所以"光介质以太"的存在是不可否认的。但是——这是一个极其重要的"但是"——语法规则没有，也无法告诉我们这个能让句子结构完整的名词的物理性质！

如果我们认为光是通过光以太传播的，"以太"的定义就是承载光波的介质。那么虽然我们所言非虚，但这句话翻来覆去说的也是一个意思。要研究"以太"到底是什么东西，以及它具有什么样的物理性质，又是一个完全不同的问题了。这个问题的答案在任何语法（甚至希腊文！）中都找不到，只有物理学才能给我们解答。

大家会在接下来的探讨中看到，19 世纪的物理学犯下的最大错误就是假设这种以太的性质类似我们熟悉的普通物质。人们常常讨论以太的流动性、硬度、弹性，甚至内部摩擦力。比如，一方面，作为光波的承载介质时[1]，以太的功能像是某种振动的固体；另一方面，以太拥有高流动性，各种天体在其中运动完全没有阻力。因此人们经常将其与封蜡类材料对比，封蜡和其他类似物质确实如众所周知的那样，如果对它们施以快速的机械冲击力，它们会表现得相当硬且脆。但是，如果长时间不动它们，它们就会在自身重力的影响下，像蜂蜜一样流动。以这个类比为基础，经典物理学认为光以太就像封蜡一样，充斥在星际空间中的光以太如同坚硬的固体，但当行星和恒星以慢于光速几千倍的速度运动时，光以太又会变成流动性很好的液体。

---

[1] 就光波而言，其振动方向横向垂直于光的传播方向。对普通物质来说，只有固体物质中才有这种横向垂直振动，而在液体和气体物质中，振动的粒子只能沿着波的前进方向运动。

想要把我们所知的普通物体的性质赋予另一种除了名字以外一无所知的东西，可以说，试图套用固有经验去描述以太的这种做法从一开始就是失败的。尽管人们做了许多尝试，仍然没有发现有关光传播的神秘介质的任何合理的力学解读。

根据我们现有的知识，很容易发现这类尝试错在哪里。其实我们知道，普通物质的所有力学性质都可以追溯到构成它们的原子之间的相互作用。举例来说，水的高流动性、橡胶的弹性和钻石的硬度取决于以下事实：水分子之间的摩擦力很小，所以它们可以互相滑动；橡胶分子很容易产生形变；形成金刚石晶体的碳原子排列紧密以至于形成了金刚石。所以说，各种物质中常见的力学性质都反映了它们的原子结构，但这一规则完全不适用于以太这种被认为是绝对连续的物质。

以太是一种奇特的物质类型，它与我们熟悉的由原子构成的物质没有相似之处。我们可以称以太为"物质"（只是因为它得给动词"振动"当主语），也可以称它为"空间"。记住，正如我们之前提过且稍后还会继续看到的，空间可能具有某些形态或结构特征，使它看起来要比欧几里得几何概念复杂得多。其实，在现代物理学中，"以太"（除去其所谓的力学性质）和"物理空间"被认为是同义词。

但是，我们对"以太"已经过于偏向认知学或哲学的研究范畴了，现在得回到迈克耳孙的实验主题上来。正如我们之前所说的，这个实验的主旨思想很简单。如果光是在以太中穿梭的波，那么地球在宇宙中的运动一定会影响地球表面的仪器记录的光速。站在绕太阳公转的地球上，我们应该能够感受到"以太风"，就好像尽管周围风平浪静，站在快速航行的轮船甲板上的人还是会感觉有风吹在脸上。我们感觉不到"以太风"，因为它可以轻易渗透进构成我们身体的原子之间，但如果我们测量与地球运动方向成一定角度的各个方向的光速，应该能够检测到以太的存在。大家都知道，如果声音的传播方向与风向相同，音速就会更快，反之就会越慢，而这点似乎也适用于光在以太风中的传播。

经过这番推理，迈克耳孙教授开始着手制造一种装置，用来记录光在不同方向上传播速度的差异。当然，最简单的方法是使用上面提过的菲索装置（图31C），并将其转向不同方向进行一系列测量。但是，这种方法却不合理，因为测量每个方向需要的精度都很高。事实上，由于预想的差值（等于地球的速度）仅仅是光速的万分之一，我们必须以极高的精确度进行每一次测量。

如果你想知道两根长度差不多的棍子之间的确切差别，最容易想到的方法就是把它们的一端对齐，然后测量另一端的差值。这就是所谓的"零点法"。

图 36 是迈克耳孙装置的示意图，该装置利用"零点法"比较光在相互垂直的两个方向上的速度。

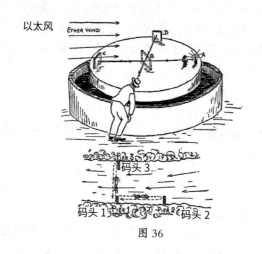

图 36

该装置的中心放着一块玻璃板，上面覆盖着一层半透明的银膜，使得入射光的 50% 可以被反射，另外 50% 则可以穿过玻璃板。因此，来自光源 A 的光束被等量地分成了相互垂直的两束。接着，这两束光会被放置在离玻璃板 B 距离相等的两面镜子 C 和 D 反射回来。从 D 返回的光束将部分透过玻璃板的银膜，与从 C 返回的、被银膜部分反射回来的光束汇成一束。因此，在仪器入口处分道扬镳的两束光将在进入观察者的眼睛时重新汇合。根据一个众所周知的光学定律，两束光会相互干涉，形成肉眼可见的明暗相间的条纹系统。[①] 如果 BD 和 BC 的距离相等，两束光就会同时回到中心，亮纹就会出现在图片中央。如果距离稍微改变，一束光会晚于另一束到达，亮纹就会向左或向右移动。

由于仪器放置在地球表面，且地球正在宇宙中快速运动，我们认为以太风一定正在以等同于地球运动速度的风速吹着仪器。比如，假设以太风从 C 吹向 B（如图 36 所示），我们不妨问问自己，这对两束光赶往汇合点

① 另请参见 086—087 页。

的速度有什么影响？

　　记住，其中一束光先是逆风而行，随后顺风而返，而另一束光两次都是逆风而行。哪一束光先回到中心？

　　你可以设想一条河，河中有一艘摩托艇，从 1 号码头逆流而上到 2 号码头，然后顺流而下回到 1 号码头。水流最初阻碍了它的前进，但在返程时帮助了它。你可能会觉得这两种效应会相互抵消，但事实并非如此。为了理解这一点，假设船的速度与水流的速度相等。在这种情况下，从码头 1 出发的船永远无法到达码头 2！不难看出，在任何情况下，水流的存在都会使往返的时间延长以下倍数：

$$\frac{1}{1-\left(\dfrac{V}{v}\right)^2}$$

　　其中，v 代表船的速度，V 代表水流的速度。[1] 假设船速是水流速度的 10 倍，往返的时间将是：

$$\frac{1}{1-\left(\dfrac{1}{10}\right)^2}=\frac{1}{1-0.01}=\frac{1}{0.09}=1.01\text{ 倍}$$

　　也就是说，比在静止水域中慢了百分之一。

　　同理，我们还可以算出跨河往返耽误的时间。跨河之所以会耽误，是因为船为了从 1 号码头驶到 3 号码头，必须稍微倾斜，防止顺水漂走。耽搁的时间就在这里，计算如下所示：

$$\sqrt{\frac{1}{1-\left(\dfrac{V}{v}\right)^2}}$$

　　也就是说，跨河花的时间只比沿河流往返的时间多千分之五。这个公式的证明过程很简单，我们把它留给好奇的读者去完成。现在，用流动的以太来代替河流，用穿过以太风的光波来代替船，用两端的镜子来代替码头，这样就获得了迈克耳孙的实验方案。光束从 B 到 C，再从 C 返回 B 的延迟系数为：

$$\frac{1}{1-\left(\dfrac{V}{c}\right)^2}$$

　　其中，c 是光通过以太的速度。光从 B 到 D，再从 D 返回 B 的延迟系数为：

---

[1] 事实上，如果用 l 表示两个码头之间的距离，顺流的船速为 v+V，逆流的船速为 v-V，我们可以算出往返的总时间为：

$$t=\frac{l}{v+V}+\frac{l}{v-V}=\frac{2vl}{(v+V)(v-V)}=\frac{2vl}{v^2-V^2}=\frac{2l}{V}\times\frac{1}{1-\dfrac{V^2}{v^2}}$$

$$\sqrt{\frac{1}{1-(\frac{V}{c})^2}}$$

因为以太风的速度等于地球的公转速度，即每秒 30 千米，而光速等于每秒 3×10^5 千米，所以这两束光分别延迟了万分之一和十万分之五的时间。借助迈克耳孙的装置，观察到顺以太风和逆以太风的光速差异应该很容易。

那么，你应该可以想象迈克耳孙在进行实验时的惊讶了——他观察到的光斑没有一丝移动。

显然，不管是以太风和光的前进方向相同还是相反，它对光速都没有影响。

这个事实是如此令人吃惊，以至于起初迈克耳孙自己都不相信，但是仔细地重复了这个实验后，他发现尽管令人吃惊，但最初得到的结果是正确的。

要想解释这个意想不到的结果，似乎只能做一个大胆的假设：安装了迈克耳孙实验装置的那张巨大石桌沿着地球在宇宙中的运动方向发生了轻微收缩（即所谓的洛伦兹—菲茨杰拉德收缩[①]）。事实上，如果 BC 之间的距离收缩系数为：

$$\sqrt{1-\frac{V^2}{c^2}}$$

同时 BD 的距离保持不变，那么两束光的延迟时间就相等了，光斑也不会偏移。

但是，要理解这个假设，要有比"迈克耳孙的桌子发生了收缩"更简单的解释。物质在通过阻力较大的介质时确实会发生一定的收缩，比如摩托艇在湖面上行驶时，会受到船尾螺旋桨的推力和船头的水的阻力的轻微挤压。但这种收缩的程度取决于船体材质的强度，钢制的船受到挤压的程度会小于木质的船。

但是，在迈克耳孙的实验中，导致光斑未出现的收缩变化只和运动速度有关，与材料强度无关。就算安装镜子的桌子不是石头而是铁制、木制或其他任何材料制成的，收缩量也不会有任何改变。因此很明显，这是一种普遍效应，在这种效应下，所有运动的物体都会发生同等程度的收缩。或者用爱因斯坦教授 1904 年所说的话来解释这个现象：我们要研究的是空

[①] 以第一位提出这一概念的物理学家命名，他认为这种收缩是运动中造成的一种纯机械效应。

间自身的收缩，速度相同的任何物体在运动过程中的收缩程度都是相同的，原因很简单，它们都出自同一个收缩空间。

在前两章，我已经讲了很多关于空间的性质，以这些为铺垫，上述结论听起来应该比较合理。为了加强理解，我们可以把空间想象成弹性很好的果冻，果冻中包裹着不同的物体。当空间因挤压、拉伸或扭曲产生形变后，包裹其中的物体也会以同样的方式产生形变。这些由空间形变引起的物体形变应和那些单纯由外力引起的形变区分开来，希望图 37 所示的二维图像示例能帮助你理解这一重要区别。

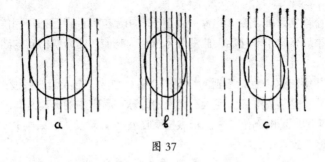

图 37

然而，尽管空间收缩效应对理解物理学的基本原理极为重要，但它在日常生活中却很容易被忽视，因为相对于光速来说，我们日常生活中能够接触到的最高速度完全不值一提。比如，一辆时速 50 英里的汽车，收缩因子为 $\sqrt{(1-10^{7})^{2}}$ =0.99999999999999，这相当于汽车收缩的长度只减少了一个原子核的直径！一架时速超过 600 英里的喷气式飞机收缩的长度只相当于一个原子的直径，而一架长 100 米、时速 2.5 万英里的星际火箭收缩的长度只有百分之一毫米。

然而，如果我们设想物体以 50%、90% 和 99% 的光速运动，那么比起静止时的尺寸，它们的长度将分别缩小到静止时的 86%、45% 和 14%。

这种基于相对论、适用于所有快速移动物体的收缩效应，被一位不知名的作家记录成了一首打油诗：

> 年轻人叫菲斯克，
> 剑术敏捷又利落。
> 菲茨杰拉德收缩，
> 把他长剑变圆片。

这位菲斯克先生出剑的速度一定快如闪电！

从四维几何的观点来看，人们观测到的所有运动物体都会缩短的原因可以简单解释为：时空坐标系的旋转导致这些物体不变的四维长度在空间轴上的投影发生了变化。其实，你一定还记得我们在上一节得出的结论：描绘运动系统中的观察结果所用的坐标必须取自按照特定角度旋转过的时空坐标系，而这个特定角度就是由运动物体的速度决定的。因此，如果在静止系统中，某段四维间距在空间轴上的投影是 100%（图 38a），那么时间轴更新之后，它在新空间轴上的投影自然会缩短（图 38b）。

有一个重点需要谨记，长度的缩短只和两个相对运动的系统有关。如果我们假设一个系统中的物体相对第二个系统来说是静止的，那么它会被表示为一条与新空间轴平行的直线，它在旧空间轴上的投影会以同样的系数缩短。

因此，指出两个系统中具体哪一个"真正"处于运动中是没有必要的，也没有物理意义。真正重要的是，这两个系统是相对运动的。所以，如果在未来有一家"星际通讯公司"，它旗下的两艘超高速行驶的客运火箭飞船在地球和木星之间的某处擦肩而过，一艘飞船上的乘客就会透过窗户看到另一艘飞船缩小了，但他们却不会感觉到自己乘坐的飞船缩小了。争论"实际上"到底是哪艘船缩小了完全是徒劳的，因为两艘飞船上的乘客都看到对方的飞船缩小了，而自己乘坐的飞船没有缩小。[1]

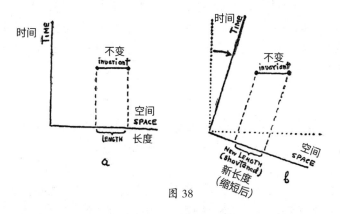

图 38

---

[1] 当然，这些都是理论场景。事实上，如果两艘飞船真的以我们现在设定的速度擦肩而过，那么两艘飞船上的乘客根本看不到对方——毕竟你连步枪射出的子弹都看不到，而步枪子弹的速度甚至连飞船速度的零头都达不到。

　　四维的思考方式也解释了为什么只有当运动物体的速度接近光速时，它的收缩才会变得明显。其实，时空坐标系的旋转角度是由运动系统覆盖的距离和覆盖该距离所需的时间之比所决定的。如果我们将距离的单位定为英尺，时间的单位定为秒，它们的比值就是普通速度。但是，由于四维世界中的时间间隔是用普通的时间间隔乘以光速来表示的，决定旋转角度的比值实际上是以英尺/秒为单位的运动速度除以单位相同的光速。这样一来，只有当两个运动系统的相对速度接近光速时，旋转角度及其对距离测量的影响才会变得明显。

　　时空坐标系的旋转不仅影响物体在空间轴上的投影，还影响物体在时间轴上的投影。然而，根据第四坐标的虚数特性①，我们可以看出，如果空间距离缩小，时间间隔就会扩大。如果把一个时钟安装在一辆快速行驶的汽车上，它会比地面上的同款时钟走得稍慢一些，两次连续的嘀嗒声之间的时间间隔就会延长。运动中的时钟的减速和运动物体的长度收缩一样，是一种只取决于运动速度的普遍效应。只要运动速度相同，不管是新式机械手表、带有钟摆的老式钟还是有流沙的沙漏，都会以完全相同的方式出现延迟。当然，这种效应不仅局限于我们称之为"钟表"和"手表"的特定机械装置——事实上，所有的物理、化学或生物过程都会出现同等程度的延迟。因此，在一艘高速行驶的火箭船上做早餐时，你不会因为手表转得太慢而把鸡蛋煮过头——鸡蛋内部的反应过程也会相应地减慢，所以根据你的手表，让它们在沸水中待5分钟，得到的依然是"溏心蛋"。在这个例子中我们用的是飞船而非火车餐车，这是因为，时间延迟和长度收缩的情况一样，只有在速度接近光速时才会变得明显。时间延迟的系数也和空间收缩一样：

$$\sqrt{1-\frac{v^2}{c^2}}$$

　　不同之处在于，你应该把这个系数作为除数而非乘数——如果一个人移动得非常快以致长度减少了一半，那么时间间隔就会增加一倍。

　　时间流逝的速度在运动系统中会变慢，这一点对星际旅行来说是一个有趣的启示。假设你决定要乘坐一艘几乎可以光速航行的飞船去拜访天狼星的某颗卫星，而这颗卫星离太阳系有9光年。你一定自然地认为往返天

———————————
① 如果你愿意，也可以换个说法：由于四维空间中的毕达哥拉斯公式相对于时间产生了扭曲变化。

狼星和地球至少需要 18 年的时间，这意味着你得携带大量的食物。但是，如果你的飞船构造能够以接近光速的速度飞行，那么这种预防措施就完全没有必要了。因为，假设你以相当于 99.9999999% 光速的速度飞行，你的手表、心脏、肺、消化系统和思维都会减缓到原来的 1/70000，而往返地球和天狼星所需的 18 年（对于留在地球上的人来说），对你来说就像区区几小时。事实上，如果你吃完早餐从地球出发，当飞船降落在天狼星的某个卫星上时，你刚好可以吃午饭了。如果你吃过午饭马上出发，那么完全赶得及回到地球吃晚饭。但是，如果这时你已经忘记了相对论定律，那么回到家时就会惊掉下巴，因为你的朋友和亲戚已经忘记了在太空旅行的你，他们已经吃了 6570 顿没有你的晚餐了！然而对于以接近光速旅行的你来说，18 个地球年对你来说只不过是一天而已。

　　如果移动得比光速还快会怎么样？另一首关于相对论的打油诗可以回答这个问题：

　　　　年轻女孩布莱特，
　　　　移动速度比光快。
　　　　一天她用爱因斯坦的方法离开，
　　　　回来的时候是昨晚。

　　可以肯定的是，如果接近光速的速度能够使运动系统中的时间流逝变慢，那么超过光速应该会使时间倒流！此外，由于毕达哥拉斯定理中代数符号的改变，时间坐标将变为实数，从而转化为空间距离，同样，超光速系统中的所有长度都会变成虚数，从而转化为时间间隔。

　　如果这一切都是可能的，那么图 33 中爱因斯坦将标尺变成时钟的戏法就能够实现，只要他能想出办法超过光速！

　　物理世界虽然疯狂，但也没有疯狂到这种地步，这种魔法表演显然是不可能的。一句话总结：没有任何物体的运动速度可以达到或超过光速。

　　这一自然基本定律的物理基础已经被无数实验证明：如果运动速度接近光速，物体的惯性质量就会无限增大，而惯性质量代表该物体进一步加速的机械阻力。因此，如果一颗左轮子弹以 99.9999999 % 光速移动，那么它受到的阻力和一枚 12 英寸的炮弹受到的阻力一样。而以 99.999999999999999999% 光速移动时，这颗小子弹将承受的阻力和一辆满载货物的货车一样。无论我们如何努力，都无法征服最后一位小数，使它的速度完全达到宇宙中所有运动的速度上限！

3. 弯曲空间与引力之谜

可怜的读者们已经在四个坐标轴中摸爬滚打 20 页了，带着应有的悔过和歉意，我现在邀请大家进入"弯曲空间"散个步。大家都知道曲线和曲面是什么，但是"弯曲空间"这个词到底是什么意思呢？构想这一现象的难点倒不在于这个概念有多不常见，而是在于这样一个事实：我们可以从外部观察曲线和曲面，但却必须从内部观察三维空间的弯曲，因为我们就生活在三维空间。为了理解生活在三维空间的人如何想象所在空间的弯曲，让我们先想象生活在平面上的二维影子生物是什么情况。在图 39a 和图 39b 中，我们看到"平面世界"和"曲面世界（球形曲面）"的影子科学家们正在研究二维空间的几何学。最简单的几何图形当然是三角形，也就是由三条直线连接三个几何点构成的图形。大家都记得高中几何课上讲过，平面上的任意三角形的三个内角之和等于 180 度。然而，上述定理很明显不适用于画在球面上的三角形。不错，一个球面三角形是由两条从极点发出的地理经线以及这两条经线之间（地理学角度）的纬线构成的，球面三角形的底部是两个直角，而顶角可以是 0 到 360 度之间的任何角度。图 39b 中两位影子科学家正在研究的这个例子中，三角形的内角之和等于 210 度。因此，我们可以看出，通过测量二维世界中的几何图形，影子科学家们就能在不从外部观察的情况下发现它的弯曲情况。

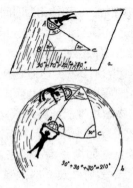

图 39 "平面世界"和"曲面世界"的二维科学家们正在检验欧几里得定理中三角形的三个内角之和

在多一个维度的世界中应用上述观察结果，我们就自然而然地得出以下结论：生活在三维空间中的人类科学家只需测量连接空间中任意三点的直线构成的三角形的内角之和，就可以在不跳入四维空间的情况下确定该三维空间是否弯曲。如果三个内角之和等于 180 度，则该三维空间不弯曲；否则，该三维空间一定是弯曲的。

但在我们进一步讨论这个观点之前，必须先详细讨论一下"直线"这个词的确切含义。读者看到图 39a 和图 39b 中的两个三角形后可能会说，平面上那个三角形（图 39a）的三边就是直线，而球面上（图 39b）的三边则是弯曲的，是球面上的大圆弧[①]。

这种基于我们普遍知道的几何概念的说法，会堵死影子科学家们发展二维空间几何的所有道路。直线的概念需要一个普遍适用的数学定义，这个定义不仅要适用于欧几里得几何学，还要适用于更复杂的表面或空间系统中的直线。这种泛化可以通过如下定义实现：一条"直线"，就是代表它所在面或空间中两点之间最短距离的线。上述定义当然适用平面几何中常见的直线概念，而在更复杂的曲面中，该定义也同样适用于一类有明确定义的线，这些线在曲面中的角色和欧几里得几何学中的普通"直线"一样。为了避免误会，人们通常把代表曲面上最短距离的线称为"测地线"（geodesical line）或"大地线"（geodesic），因为这个概念最初是由测地学引入的，也就是一门测量地球表面的学科。其实，当我们说到纽约和旧金山之间的直线距离时，指的是沿着地球表面"两点之间最直接的路线"，而不是假设一台巨大的电钻直接钻穿地球得出的距离。

以上关于"广义直线"或"测地线"为两点之间最短距离的定义指出了构建这类广义直线的简单物理方法：在给定的两点之间拉一根绳子。如果在平面上这么做，你拉出的就是一条普通的直线；如果在一个球体上这么做，你会发现绳子沿着大圆弧的弧度伸展，形成了球面的测地线。

用同样的方法，也能弄清楚我们所在的三维空间是否弯曲。只需在空间中的三点之间拉好绳子，然后查看由此形成的内角之和是否等于 180 度即可。不过，在进行这个实验时必须记住两个重点。首先，这个实验的涵盖范围必须非常大，因为曲面或弯曲空间太小，我们感受不到——肯定不能通过自家后院的测量结果来确定地球表面是否弯曲！其次，面或空间可能在某些区域是弯曲的，而在另一些区域不是弯曲的，因此调查必须足够全面。

[①] 大圆弧是指通过球体中心的平面在球面上切出的圆弧。纬线和经线都是这样的大圆弧。

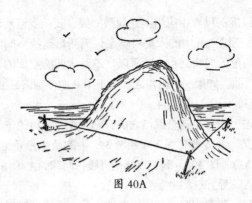

图 40A

爱因斯坦在他的广义弯曲空间理论中提出了一个大胆的想法：物理空间在巨大质量的物体附近会变得弯曲——质量越大，弯曲越明显。为了验证这一假设，我们可能得找一座大山，在山脚下钉三根尖桩，然后用绳子连接三根尖桩（图 40A），测量绳子在三个交汇点处形成的内角角度。不管你找的山有多大——哪怕它是喜马拉雅山脉中的某座——你都会发现，去除测量中可能存在的误差，绳子交汇处的三个内角之和正好是 180 度。不过，这个结果并不一定意味着爱因斯坦错了，也不代表巨大质量的物体不会使它们周围的空间弯曲。也许即便是喜马拉雅山脉也无法使周围的空间产生足够的弯曲，以至于连我们最精密的测量仪器都无法记录这种偏差——还记得伽利略用提灯测量光速时的遭遇吗？（图 31）。

所以千万别气馁，一定要用质量更大的物体再试一次，比如太阳。

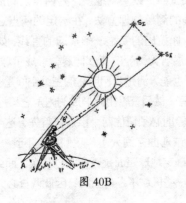

图 40B

看啊，这不就成功了吗！如果你从地球上某个点拉一条绳子到某颗星星上，再从这颗星星拉一根绳子到另一颗星星上，最后再拉一根绳子回到地球，三根绳子形成的封闭三角形正好将太阳围在其中，那么你会发现，三个内角的总和明显不等于 180 度。如果没有足够长的绳子来做这个实验，可以用一束光来代替绳子，因为光学告诉我们，光总是尽可能挑最短的路走。

图 40B 是这个实验的示意图。位于太阳两侧的恒星 S_I 和 S_{II} 发出的光线汇聚在一台可以测量它们之间的角度的经纬仪中。之后，当太阳离开两颗星星和地球形成的三角形后，重复该实验，并对两次实验的角度进行比较。如果结果不同，就证明太阳的质量弯曲了它周围的空间，使光线偏离了原来的路径。爱因斯坦为了检验他的理论提出了这个实验。图 41 所示的二维类比图也许能够帮助读者更好地理解实验的原理。

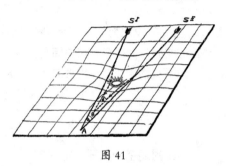

图 41

很明显，在一般情况下，爱因斯坦的实验有一个阻碍——太阳的亮度会让你看不到它周围的恒星。但在日全食期间，白天也能清晰地看到恒星。利用这一优势，1919 年，英国的一支天文考察队在西非的普林西比群岛（Principe Islands）进行了测试，在那里可以很好地观测到当年的日全食。结果，有太阳在旁边和没有太阳在旁边时，两颗恒星之间的角距差为 1.61″ ±0.30″，而爱因斯坦理论预测的角距差为 1.75″。后来也陆续有不同考察队得到了相似的结果。

当然，1.5″ 算不上什么可观的角度，但它足以证明太阳的质量确实使其周围的空间发生了弯曲。

如果我们用的不是太阳，而是其他质量更大的恒星，那么欧几里得定理中关于三角形内角之和的偏差可能会上升到角分，甚至是度的程度。

对内部观察者来说，习惯弯曲三维空间的概念需要一定的时间和丰富的想象力，但是一旦你想明白了，它就会像其他经典几何概念一样清晰明确。

最后还差重要的一步，我们就能完全理解爱因斯坦的弯曲空间理论以及它和万有引力基本问题之间的关系了。迈出这一步前，我们必须记住，此处讨论的三维空间只是四维时空世界的一部分，而四维时空世界才是所有物理现象的背景。因此，弯曲空间只是更为笼统的弯曲四维空间的体现。而代表三维世界中光线和物体运动的四维世界线，也必须被视为超空间中的曲线。

爱因斯坦从这个角度展开思考，得出了一个了不起的结论：万有引力现象仅仅是一种来自弯曲四维时空的效应。事实上，我们现在可以忘记那个古老且不恰当的说法了——太阳对行星施加某种作用力，使它们沿圆周轨道运动。更准确的说法应该是：太阳的质量使其周围的时空产生弯曲，而行星的世界线之所以看起来像图30中那样，只是因为它们是穿过弯曲空间的测地线。

因此，重力是一种独立的作用力这一概念完全从我们的推导中消失了，取而代之的是纯粹的空间几何概念。在空间几何中，某些巨大质量的物体引起了空间弯曲，而所有物体都以"最直的线"或沿着该空间的测地线运动。

4. 封闭空间和开放空间

在结束这一章之前，我们必须简要讨论一下爱因斯坦时空几何学中的另一个重要问题：宇宙到底是有限的还是无限的。

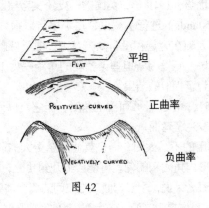

图 42

到目前为止，我们一直在探讨巨大质量物体附近的空间有没有发生弯曲，就像是宇宙的脸上长了各种各样的"青春痘"。但是，除了这些差异之外，宇宙的脸是平的还是弯的？如果是弯的，朝哪个方向弯呢？图 42 给出了二维示意图，其中一个是平整的，另外两个是弯曲空间的两种可能类型。所谓的"正弯曲"空间相当于球体或其他任何类型的封闭几何图形的表面，无论它朝哪个方向弯曲，都是"以同一种方式"弯曲。相反，"负弯曲"空间则与马鞍的表面非常相似，从某个方向往上弯曲，在另一个方向往下弯曲。如果你从足球和马鞍上各切下一块皮革，把它们在桌子上展平，就能清楚地看出这两种弯曲方式的不同。你会注意到，如果不经过拉伸或压缩，这两者都不可能被展平。但是，足球边缘必须经过拉伸，马鞍皮革的边缘则必须被压缩。足球中心没有足够的皮料把它展平，马鞍则是皮料太多，如果不折叠就无法展平。

我们还可以用另一种方法阐述这个观点。假设我们从某一点开始（沿表面）数 1、2、3……英寸范围内的青春痘数量。在没有弯曲的平面上，青春痘的数量与距离的平方成正比，即 1、4、9……在球体表面上，青春痘的数量增加得比平面慢一些，而在鞍形表面上，青春痘的数量增加得快一些。因此，生活在平面或曲面中的二维影子科学家，虽然无法从外部观察该平面或曲面的形状，但他们仍然能够通过计算落在不同半径圆内的青春痘数量来检测曲率。你可能还会注意到，正曲率和负曲率之间的区别在其对应的三角形角度测量中也有所体现。我们在上一节中提到过，球面上的三角形内角之和总是大于 180 度。如果你试着在鞍形表面画一个三角形，你会发现它的内角之和总是小于 180 度。

将二维曲面的观察结果推广到弯曲的三维空间中，我们可以得到下面这张表格：

空间类型	远距离特性	三角形内角之和	体积增长速度
正曲率（类球面）	自封闭	>180°	小于立方体半径
平坦（类平面）	无限延伸	=180°	等于立方体半径
负曲率（类鞍面）	无限延伸	<180°	大于立方体半径

　　我们可以将上表作为所在的空间是有限还是无限的实际判断依据。关于有限空间和无限空间的问题探讨将在第十章继续，届时我们将研究宇宙的大小。

第三卷

微观世界

第六章　下行楼梯

1. 希腊人的观点

在分析物体的性质时，比较好的做法是先从一些熟悉的、"正常大小"的物体入手，一步一步地深入研究它的内部结构，那里藏着不为人知的、适用于所有物质性质的终极奥秘。所以，本章的讨论要从你餐桌上的一碗蛤蜊浓汤开始。我们选择蛤蜊浓汤并不是因为它美味又营养，而是因为它代表了所谓的不均匀混合物（heterogeneous）。即使不用显微镜，你也能够看出这碗汤中的材料：蛤蜊碎肉、洋葱、西红柿、芹菜丁、小土豆块儿、胡椒碎和小油珠，混合在盐水中。

我们在日常生活中遇到的大多数物质——尤其是有机物——都是不均匀的，不过通常情况下我们需要借助显微镜才能发现这点。比如，只需稍稍放大，你就会发现牛奶是一种白色液体中均匀悬浮着黄油小液滴的稀薄乳液。

普通的花园土壤是由许多微小颗粒和来自腐烂动植物中的各种有机物混合而成的，这些微小颗粒包括石灰石、高岭土、石英、氧化铁和其他矿物质和盐。如果将普通花岗岩的表面稍加打磨，我们立刻就会发现，这种石头是由三种不同物质（石英、长石和云母）的小晶体牢固结合在一起而形成的。

研究物质的内部结构时，弄清楚混合物成分只是第一步，更确切地说，是下行楼梯中最上面的那一级台阶。接下来，就可以着手研究构成该混合物的各个纯净物质的成分了。对于一根铜线、一杯水或充满房间的空气（当然，不包括悬浮在其中的灰尘）这类真正的纯净物质而言，其材质是连续的，即便借助显微镜，也不会发现任何不同的成分。的确，在高倍放大的铜线或几乎所有固体（除了那些由不结晶的玻璃态物质组成的物体）中，都有微晶结构的存在。但是，纯净物质中的各种不同晶体的性质都是一样的——铜线中只有铜晶体，铝锅中只有铝晶体，同样，食盐中也只有氯化钠晶体。通过使用一种特殊的技术（慢结晶），我们可以将盐、铜、铝或其他纯净物质的晶体随意增大，这样得来的"单晶体"物质会像水或玻璃一样均匀。

根据我们用肉眼和现有最好的显微镜观察到的结果，是否能够假设这些纯净物质无论被放大到什么程度，看起来都是一样的？换句话说，我们是否能确信，极少量的铜、盐或水的性质与其大量聚集时的相同，并且它们总能进一步分解为更小的碎片？

第一个提出这个问题并试图解答的人是大约 2300 年前的古希腊哲学家德谟克里特斯（Democritus）。他对这个问题的回答是否定的。他更倾向于相信，无论某种物质看起来多么均匀，也一定是由大量（到底多大量？他不知道）非常小（到底多小？他也不知道）的独立粒子构成的，他称这种粒子为"原子"或"不可分割之物"。德谟克里特斯认为：这些原子或不可分割之物，在各种物质中的数量不同，但这种不同只是表象上而非实质上的不同。火原子和水原子实际上是一样的，只是外表不同。所有物质其实都是由相同的永恒不变的原子构成的。

与德谟克里特斯同时代的一位名叫恩培多克勒（Empedocles）的人有一个略微不同的观点，他认为原子有几种不同类型，它们以不同的比例混合，形成所有已知的物质。

根据当时已知的化学基本事实进行推理后，恩培多克勒辨别出了四种不同类型的原子，它们分别对应四种基本物质：土、水、气和火。

根据这一观点，以土壤为例，土壤是土原子和水原子紧密结合的混合物：结合得越好，土质就越好。从土壤中生长出来的植物结合了土原子、水原子和来自太阳射线的火原子后，形成了复合木分子。干燥的木头，其中的水元素就会消失，这便是所谓的木分子的降解过程，其中火原子逃逸，回到了火焰之中，而土原子以灰烬的形态留了下来。

这种对植物生长和木材燃烧的解释，在科学发展的早期阶段看起来相当符合逻辑，但我们现在已经知道这其实是错误的。植物生长最需要的材料并不像古人认为的那样来自土壤，而是来自空气。如果没有人告诉你这些，你可能和古人想的一样。土壤可以支撑植物越长越大，并且作为仓库满足植物对水的需求，但它只能提供很小一部分植物生长所需的盐类物质。即使只有顶针那么大的土壤，也可以培育出一株很大的玉米。

事实上，大气中的空气是氮气和氧气的混合物（而不是像古人认为的那样是一种单一元素），并含有一定量的二氧化碳，而二氧化碳的分子又是由氧原子和碳原子构成。在阳光的作用下，植物的叶子能够吸收大气中的二氧化碳，这些二氧化碳与植物根部提供的水发生反应，形成各种有机物质，植物就是由这些有机物质构成的。部分氧气被返还到大气中，这一过程就是"房间里有植物能够使空气清新"的原因。

当木头燃烧时，木分子再次与空气中的氧气结合，转化为二氧化碳和在炙热火焰中逃逸的水蒸气。

至于古人认为进入了植物内部结构的"火原子"则并不存在。阳光只提供分解二氧化碳分子所需的能量，使生长中的植物能够消化这种气体。而且，由于火原子并不存在，很明显火焰并不是由火原子的"逃逸"引起的。我们之所以能够看见火焰，仅仅是因为加热过程中有大量气体在释放能量。

古代和现代对于化学反应的观点还存在着一些类似的差异，让我来举例说明。你一定知道，不同的金属是通过在火炉中高温加热相应的矿石得到的。乍看之下，大多数矿石似乎与普通岩石差不多，怪不得古代科学家相信矿石和其他岩石一样。不过，如果他们把一块铁矿石放进烈焰之中，就会发现里面有一种与普通岩石截然不同的东西——一种能制造出好的刀具和矛的、具有耀眼光泽的物质。解释这一现象的最简单的方法是：金属是由石头和火组成的，换句话说，金属分子是由土原子和火原子组成的。

这样解释了金属的一般性质后，古人将铁、铜、金等金属的不同性质解释为：形成过程中加入了不同比例的土原子和火原子。这不是很明显吗？闪闪发光的金子肯定比暗淡无光的铁含有更多的火原子呀。

如果真是这样，为什么不给铁和铜添把火，把它们变成金子呢？这么一想，有道理啊，于是中世纪奉行实用主义的炼金术士就把大把的人生献给了烟雾缭绕的炼金炉，试图用更便宜的金属制作"人造黄金"。

从这些炼金术士的角度来看，他们的工作合情合理，和一个现代化学家研究合成橡胶的方法一样。他们的理论与实践谬误在于他们相信黄金和其他金属是混合物，而不是单元素物质。但是，如果不去尝试，人们怎么会知道哪些物质是单元素的，哪些又是复合的呢？如果不是这些早期化学家们将铁、铜变成金银的失败经验，我们可能到现在都不会明白金属是单元素化学物质，而金属矿石是由金属原子和氧原子结合而成的混合物（化学家称其为金属氧化物）。

铁矿石在火炉的高温下变成金属铁并不像古代炼金术士认为的那样是因为原子（土原子和火原子）的结合，恰恰相反，是由于原子的分离，也就是从氧化铁分子中剥离了氧原子。长期暴露在潮湿环境下的铁制品表面出现铁锈，并不是因为火原子在铁分子的降解过程中逃逸，只留下了土原子，而是因为铁原子和空气或水中的氧原子结合形成了氧化铁复合分子。[1]

从上面的讨论中不难看出，古代科学家关于物质内部结构和化学反应性质的概念基本上是正确的——他们的错误在于对基本元素的构成存在认识误区。事实上，恩培多克勒列举的四种基本元素都不是单元素物质——空气是几种不同气体的混合物，水分子是由氢原子和氧原子组成的，岩石的成分相当复杂，包括许多不同的元素，最后，火原子根本不存在。[2] 其实，自然界中的化学元素不是 4 种，而是 94 种，也就是说有 94 种不同的原子。这 94 种化学元素中，某些在地球上数量丰富，为大家熟知，如氧、碳、铁、硅（大多数岩石的主要成分）；还有一些非常罕见，比如，你可能从未听说过像锴、镝或镧这样的元素。除了自然元素外，现代科学还成功地为人类增添了几个全新的化学元素，我们稍后再在本书中讨论它们。其中一个名为钚的新元素，注定会有大用处，它释放的原子能对战争和和平都有重大用处。94 种基础元素的原子以不同的比例相互结合，形成了无数复杂的化学物质，比如水和黄油、石油和土壤、石头和骨头、茶和炸药，以及许多其他物质，比如氯化三苯基吡喃嗡（triphenylpirilium chloride）和甲基异丙基环己烷（methylisopropylcyclohexane）这种优秀化学家必须烂熟于心，但大多数人一口气都念不完的东西。人们编写出一本又一本化学参考手册，用来总结与这些无穷无尽的原子排列相关的性质、制备方法等信息。

---

[1] 因此，炼金术士会用以下公式来表示铁矿石的加工过程：

（<u>土原子</u>）+（火原子）→（铁分子）
   矿石

铁的锈蚀表示为：

（铁分子）→（<u>土原子</u>）+（火原子）
           铁锈

我们会把铁矿石的加工过程表示为：

（<u>氧化铁分子</u>）→（铁原子）+（氧原子）
  铁矿石

以及：

（铁原子）+（氧原子）→（<u>氧化铁分子</u>）
            铁锈

[2] 我们稍后将在本章中看到，火原子的概念在光量子理论诞生后得到了部分新生。

2. 原子有多大?

德谟克里特斯和恩培多克勒提出的原子论点，其实是以模糊的哲学观点为理论的。这些哲学观点认为，不可能存在这样一个被分割得越来越小的物质。

而现代化学家们论及原子，指向性更明确，因为精确地掌握元素原子以及它们结合而成的复杂分子的知识，对于理解以下化学基本定律是绝对必要的：不同的化学元素只按特定的重量比例结合，且这一比例一定能明显地反映出结合产物中各个原子的相对重量。比如，化学家总结出氧原子、铝原子和铁原子的重量分别是氢原子的 16 倍、27 倍和 56 倍。虽然不同元素的原子质量是最重要的基础化学信息，但是以克表示的原子实际重量绝对是化学研究中看不见摸不着的东西，并且知道这些重量的确切数字并不会对其他化学事实、定律应用和方法造成任何影响。

但是，如果一个物理学家要研究原子，他的第一个问题必然是："原子的实际尺寸是多少？重量是多少？在给定数量的物质中有多少个原子或分子？有没有方法能够逐个观察、计数及处理原子和分子？"

有很多种方法可以估算原子和分子的大小，其中最简单的一种只要能想到就能用，即便德谟克里特斯和恩培多克勒那没有现代实验设备的时代也不例外。如果所有物质的最小构成单位都是原子，那么显然，用某种物质造出一片比原子直径还要薄的薄片是不可能的。因此，以一根铜线为例，我们可以试着把铜线拉长，直到它最终成为一条由单个原子首尾相接构成的原子链，或者我们可以把铜线锤成一片厚度为一个原子直径的薄铜箔。对于铜线或其他固体材料来说，这个任务几乎是不可能完成的，因为在达到最小厚度之前，材料就会不可避免地发生断裂。但液体材料——如水面上的一层薄薄的油——就很容易扩散成一条"分子毯"，一层由"单个"分子们首尾相接、毫无堆叠地构成的薄膜。只要有耐心，大家也可以自己动手做这个实验，用简单的方法来测量油分子的大小。

拿一个浅的长容器（图 43），把它放在桌子或地板上，使它处于水平状态，向容器中注水，直到与边缘对齐，并在容器上架一根刚好能碰到水面的金属丝。现在，在电线的一边滴入一小滴油，油就会在这边的水面上扩散开来。如果你现在沿着容器的边缘向远离油的方向移动金属丝，油层就会沿着金属丝扩散，变得越来越薄，它的厚度最终一定会等于一个油分子的直径。在达到这个厚度之后，金属丝如果继续运动，完整的油面就会破裂，形成水孔。知道了你在水中放入的油量，以及油能完整覆盖的最大面积，就可以很容易地算出单个油分子的直径了。

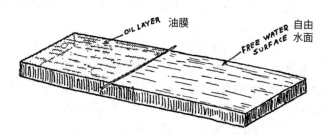

图 43　水面上的薄油膜一旦拉伸过度就会破裂

在进行这个实验时，你可能会观察到另一个有趣的现象。当你把一些油滴在干净的水面上时，一定先注意到熟悉的彩虹色油面，这情景你可能在船只经常光顾的港口的水面上看到过。造成这些彩虹的原因众所周知，它们是由油层上下面反射的光线之间的干扰形成的。不同位置的颜色不同，是因为油层从释放点开始扩散时，各个位置的厚度不同。如果等待一段时间，直到油层厚度变得均匀，整个油面就会变成同一种颜色。随着油层逐渐变薄，颜色会随着光波的减少而逐渐由红变黄，由黄变绿，由绿变蓝，由蓝变紫。如果我们继续扩大油面，色彩会完全消失。这并不意味着油层不见了，而是因为它的厚度已经小于最短的可见波长，导致颜色超出了我们的可见范围。但是，极薄表面的上下面所反射的两束光会以某种方式互相干涉，导致光的总体强度会减弱，油面会比纯水表面看起来更"暗淡"一些。所以，虽然油层的色彩消失了，你仍然能够区分出含油的表面和清澈的水面。

如果亲手做一下这个实验，你就会发现 1 立方毫米的油可以覆盖大约 1 平方米的水，但是任何进一步的拉伸都会使油膜破碎。[1]

---

[1] 那么，我们的油层在破裂之前有多薄呢？为了进行相关的计算，请把含有 1 立方毫米油的液滴想象成一个真正的立方体，该立方体的每个面都是 1 平方毫米。为了将本来只有 1 立方毫米的油拉伸至 1 平方米，立方体接触水面的那 1 平方毫米油的面积必须扩大 1000^2 倍（从 1 平方毫米到 1 平方米）。因此，原来的立方体从竖直维度上来说必须缩小到原来的 $1/1000^2$，以保持总体积不变。有了这个结果，就限定了油层的厚度，从而使我们能够进一步算出油分子的实际尺寸约为 0.1 厘米 $\times 10^{-6} = 10^{-7}$ 厘米。因为油分子是由几个原子构成的，所以原子的尺寸要更小一些。

3. 分子束

另一种演示物质分子结构的有趣方法可以通过研究气体和蒸汽从小开口中涌入真空的过程发现。

假设我们有一个完全达到真空状态的大玻璃球（图44），玻璃球里面有一个小电炉，小电炉由壁上有一个小洞的黏土圆筒和圆筒外围的一组电阻丝构成，电阻丝负责提供热量。如果我们在炉子里放一块低熔点的金属，比如钠或钾，圆筒内部就会充满蒸汽，蒸汽通过圆筒壁上的小洞泄漏到周围的空间中。如果蒸汽接触到冷的玻璃球壁，就会粘在玻璃球上，这些粘在玻璃球各个部分的镜面状沉积物薄膜将清楚地告诉我们材料从电炉中渗出后的路径。

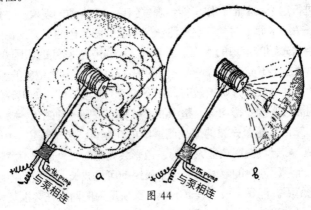

与泵相连　　　　　与泵相连

图 44

而且，我们还会看到，随着熔炉温度的变化，玻璃壁上的薄膜分布也会变化。如果炉膛很热，金属蒸汽的密度就会相当高，只要是看过蒸汽从烧水壶或蒸汽机中渗出的人，就一定对接下来发生的场景很熟悉。蒸汽从开口渗出后，会向各个方向扩散（图44a），填满灯泡内的空间，并在整个内壁表面形成基本均匀的沉积物。

然而，如果温度较低，炉内的蒸汽密度就比较低，那么蒸汽渗出的状况就会完全不同。蒸汽从孔中出来后不会向四面八方扩散，而是似乎沿直线运动，且大部分都会沉积在正对炉口的玻璃壁上。如果在炉口前放置一些遮挡物，这个现象会更加明显（图44b）。遮挡物后面的墙上不会形成任何沉积物，而这个没有沉积物的区域的形状将和遮挡物的几何阴影形状完全一致。

如果你还记得蒸汽是由大量独立分子在空间中朝各个方向运动，不断相互碰撞而形成的，那么理解蒸汽在高温和低温下的性质差异就很容易了。当蒸汽的密度很高时，从炉口涌出的气体就像失火的剧院中冲向出口的疯狂的人群。这些人冲出门口后，在街上四散逃开，相互碰撞。另一方面，如果密度较低，好比一次只有一个人通过出口的话，就能不受干扰地径直向前走。

从炉孔中喷出的低密度蒸汽流叫作"分子束"，由大量并排在空间中飞行的独立分子形成。这种分子束对分子个别性质的研究十分有用。比如，我们可以用它来测量热运动的速度。

奥托·斯特恩（Otto Stern）制作了第一台用于研究分子束速度的设备，这台设备与菲索用来测量光速的设备几乎完全相同（见图31）。它由安装在一条轴承上的两个齿轮组成，这样的装置使分子束只有在旋转角速度刚刚好时才能通过两个齿轮（图45）。斯特恩用隔板截取了一束细分子束，证明了分子运动的速度非常高（在200摄氏度时，钠原子的运动速度为1.5 km／s），并且会随着气体温度的升高而增加。这就直接证明了热的动力学理论所说的：物体热量的增加仅仅是因为其分子不规则热运动的加剧。

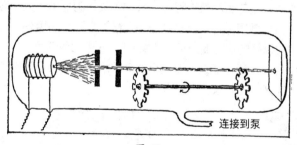

图45

4. 原子摄影

虽然上面的例子很难让人对原子假说的正确性产生怀疑，但"眼见为实"总归还是真理——因此，想要让人们确信原子和分子的存在，还是得让人类亲眼看见这些微小单位。最近，英国物理学家 W. L. 布拉格（W. L. Bragg）发明了一种获取不同晶体中单个原子和分子图像的方法，实现了这个目标。

但是千万不要觉得拍摄原子是一个简单的工作，因为在拍摄如此小的物体时，除非照射在物体上的光线波长小于拍摄对象的大小，否则拍出来的图片会模糊到令人绝望。用油漆刷子可是画不出波斯细密画的！研究微生物的生物学家们十分清楚这一难题，因为细菌的大小（约 0.0001 厘米）相当于可见光的波长。为了提高图像的清晰度，生物学家们在紫外线下拍摄细菌的显微照片，这一方法确实有些成效。但是在一个晶格中，分子的大小和它们之间的距离都十分微小（0.00000001 厘米），以至于不论是可见光还是紫外光都派不上用场。为了能看到单个的分子，我们必须使用波长相当于可见光几千分之一的辐射——换句话说，我们必须使用所谓的 X 射线的辐射。但我们在这一步中遇到了一个似乎无法克服的难题：X 射线可以穿过任何物质，而且不发生折射，所以如果使用了 X 射线，镜头或显微镜就都不起作用了。X 射线的这种性质和其强大的穿透力在医学上当然非常有用，因为射线穿过人体时的折射会使 X 射线照片上除需要观察部位以外的其余部分变得更加模糊。但这一特性似乎否定了通过 X 射线获得放大图片的可能性。

乍一看，情况似乎已经到绝境了，但 W. L. 布拉格找到了一个非常巧妙的解决方法。他的想法源于阿贝（Abbé）提出的显微镜数学理论，根据该理论，任何显微图像都可以被看作是大量独立图案的重叠，每个图案都可以表现为拍摄区特定角度的平行暗纹。图 46 中的例子可以简单说明上述理论，图中展示了如何通过重叠四个独立的暗纹系统获得被暗场包围的椭圆亮区以及亮区中的图像。

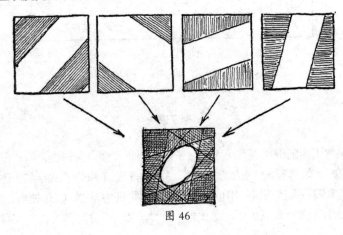

图 46

根据阿贝的理论，显微镜的运作包括以下步骤：（1）将原始图像分解成大量独立的带状图案。（2）放大每个图案。（3）再次重叠图案，获得放大的图像。

这个过程与用几个单色版印刷彩色图片的方法类似。只看每一幅单色印刷品，可能觉得这幅画不明所以，但一旦它们以适当的方式重叠，整幅画就一清二楚了。

因为我们不可能制造一个自动做到以上步骤的 X 射线镜头，所以只能一步一步来：先从各个不同角度按照 X 射线带状格式拍摄大量独立的晶体照片，然后将它们以适当的方式重叠在一张相纸上。这样一来，X 射线镜头能做到的，我们也能做到了，但镜头几乎瞬间就能完成这些，而熟练的实验者要花好几小时。正是出于这个原因，布拉格的方法只能用来拍摄固定不动的晶体的分子照片，却无法拍摄液体或气体中的分子照片，因为它们总是到处乱跑。

虽然用布拉格的方法制作的照片并不是通过相机一步成型的，但这些照片在清晰度和正确度上和相机拍摄的照片别无二致。如果因为技术原因没法把大教堂整个拍进一张照片里，那么也不会有人反对拍几张独立的照片再重组这种做法的！

插图 I 是通过上述 X 射线法观察到的六甲基苯分子的照片，化学家们将其化学式记录如下：

照片中，我们可以清晰地看到 6 个碳原子组成的苯环和其他 6 个分别与之相连的碳原子，但几乎看不见较轻的氢原子。

　　亲眼见过这样的照片，即使再多疑的人，也会同意分子和原子的存在已经得到证实了。

5. 解剖原子

　　原子在希腊语中意为"不可分割"，德谟克里特斯在命名之初所指的原子其实是所有物质分解的最小单元，换句话说，原子就是组成所有物质的最小且最简单的结构部件。几千年过去了，"原子"这个古老的概念已经得到了科学的支持，并在广泛的经验基础上变得更加真实，人们也始终相信原子的不可分割性，并且猜测不同元素的原子的性质之所以不同，是因为它们具有不同的几何形状。比如，氢原子被认为近似球形，钠原子和钾原子则被认为是细长的椭球体。

　　另一方面，氧原子被认为和甜甜圈的形状相同，有一个几乎完全封闭的中央孔洞，这样，只要从甜甜圈的两侧分别向中央孔洞中放进一个球形的氢原子，就能形成水分子（H_2O）了（图 47）。这样一来，钠原子或钾原子能够取代水分子中的氢原子，这种现象就可以解释为：细长形状的钠原子和钾原子比球形的氢原子更适合氧原子的中央孔洞。

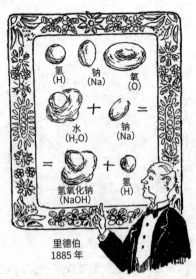

图 47

　　根据这些观点，不同元素发射光谱的差异被归因于不同形状原子的振动频率有所差异。基于这种推理，物理学家试图根据发光元素发出的光的频率来确定构成发光元素的不同原子的形状，这种做法和我们在声学中解释小提琴、教堂的钟和萨克斯管发出声音的差异是一个道理，但是这种做法并没有获得成功。

　　最后，这种单从各种原子的几何形状来解释它们的化学和物理性质的尝试都没有取得什么重大进展。后来，人们认识到，原子并不是只有几何形状的单一基本物体，而是一个具有大量独立运动部件的复杂体系，这才真正使人们迈出了解原子性质的第一步。

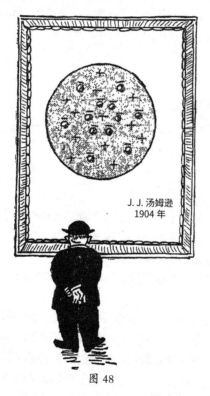

J. J. 汤姆逊
1904 年

图 48

　　解剖小巧原子是一项复杂的手术，首次完成这个手术的是著名英国物理学家 J. J. 汤姆逊（Thomson），他证明了带正、负电荷的部件通过电引力聚集在一起，从而组成了各种化学元素的原子。汤姆逊认为，原子带着差不多均匀分布的正电荷，但内部有大量带负电荷的粒子（图 48）。这种粒子——他称为电子（electron）。由于负电荷和正电荷的数量相等，原子是中性的。然而，因为汤姆逊假设电子是比较松散地连接在原子上的，所以原子可能会失去一个或几个电子，留下一个带正电荷的原子残留物，称为正离子（positive ion）。另一方面还有一些原子全从外部额外获取电子，于是就得到了多余的负电荷，这种原子被称为负离子（negative ion）。向原子传递正电荷或负电荷的过程被称为电离（ionization）过程。汤姆逊的这一观点以迈克尔·法拉第（Michael Faraday）的经典研究成果为基础，该研究成果证明，只要原子携带电荷，它的电荷数永远是某个特定电荷的倍数，在数值上等于 5.77×10^{-10}。但汤姆逊比法拉第走得更远，他不仅把单个粒子的性质归因于这些电荷，还研发了从原子中提取电子的方法，并且对空间中高速飞行的自由电子束也颇有研究。

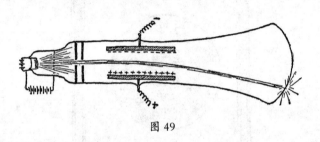

图 49

汤姆逊研究自由电子束得出了一个极其重要的结果，这个结果估算出了电子束的质量。他用强电场从某些材料（如滚烫的电线）中提取出电子束，发射到带电聚光器的两个极板之间（图 49）。因为电子束带负电，或者更准确地说，它们本身就是自由负电荷，所以它们会被聚光器中的正极吸引，被负极排斥。

在聚光器的后面放置一块荧光幕，让通过聚光器的电子束落在荧光幕上，就能轻易观察到电子束产生的偏移。知道了电子的电荷和它在给定电场中的偏移，就有可能估算出它的质量。实验结果表明：电子的质量确实非常小。事实上，汤姆逊发现，一个电子的质量比一个氢原子的质量小1840 倍，这说明原子的大部分质量源于其带正电荷的部分。

汤姆逊关于带负电荷的电子群在原子内部运动的观点是完全正确的，但是他关于正电荷在原子内部均匀分布的观点却与事实相去甚远。1911 年卢瑟福（Rutherford）证明原子的正电荷和原子质量最大的部分一样，都集中在原子正中心一个极小的原子核（nucleus）中。他是通过著名的"α 粒子"在通过物质时的散射实验得出这个结论的。这些 α 粒子是铀或镭这类质量很大但不稳定的元素自发分解时发射出的微小高速弹射物，而且，因为它们的质量被证明相当于原子的质量，且带正电，所以它们一定是原子中带正电部分的碎片。当 α 粒子通过目标材料的原子时，会受到原子中电子的引力和原子带正电荷部分的斥力。然而，由于电子非常轻，它们无法影响入射 α 粒子的运动，就像一群蚊子无法影响一只受惊狂奔的大象一样。另一方面，只要原子的带正电荷的高质量部分和入射 α 粒子的正电荷之间的距离足够近，那么它们之间的斥力一定会使 α 粒子偏离其正常轨道并分散到各个方向。

在研究 α 粒子束穿过细铝丝的散射现象时，卢瑟福得出了一个惊人的结论：要想解释观测到的结果，必须假设入射的 α 粒子与原子带正电荷的部分之间的距离小于原子直径的千分之一。而这明显只有在入射的 α 粒子和原子带正电荷的部分的尺寸都只有原子本身的数千分之一时才可能实现。因此，卢瑟福的发现将汤姆逊原子模型中原本广泛分布在原子中的正电荷缩小到了原子最中心一个微小的原子核中，而一群带负电荷的电子则留在原子核外围。因此，现在的原子不再是西瓜的形状了，更像是一个微型太阳系，其中原子核相当于太阳，而电子相当于行星（图 50）。

E.卢瑟福
1911 年

图 50

　　原子与太阳系相比，不仅结构相似，还有很多共通点：原子核的质量占原子总质量的 99.97%，而太阳系 99.87% 的质量都来自太阳。同时，扮演行星角色的电子之间的距离大约是它们自身的直径的几千倍，而行星间的距离也差不多是行星直径的几千倍。

　　该类比中更重要的一点是：原子核和电子之间的电磁力与距离的平方成反比，太阳和行星之间的引力也遵循同样的数学规律。[1] 这就解释了为什么电子以圆形和椭圆形轨道绕原子核运动，而这点正好类似于太阳系中行星和彗星的运行轨道。

　　根据上述关于原子内部结构的观点，各种化学元素的原子之间的差异一定是由围绕着此元素原子核旋转的电子数差异引起的。由于原子整体呈电中性，围绕原子核旋转的电子数量必然由原子核本身携带的基础正电荷的数量决定，而另一方面，通过观察由于和原子核产生电的相互作用力而偏离轨道发生散射的 α 粒子，又可以反过来估算原子核正电荷的数量。卢瑟福发现，在按照重量递增排列的化学元素的自然顺序中，每个元素原子中的电子数会持续增加。也就是，1 个氢原子有 1 个电子，1 个氦原子有 2 个电子，1 个锂原子有 3 个电子，1 个铍原子有 4 个电子等，直到自然界中最重的铀元素，它共有 92 个电子。[2]

　　原子在这个序列中的排位通常被称为该元素的原子序数（atomic number），根据元素的化学性质，化学家排列了一张化学元素周期表，这张表中的原子编号和位置和它的序数一致。

　　因此，任何一种元素的物理性质和化学性质都可以简单地用围绕其原子核旋转的电子数量来表示。

----

[1] 即两个物体之间的力与它们之间的距离的平方成反比。

[2] 既然我们已经学会了炼金术（见后文），就能人工构建更复杂的原子了。因此原子弹中使用的人造元素钚有 94 个电子。

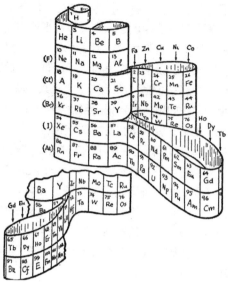

图 51（正面）

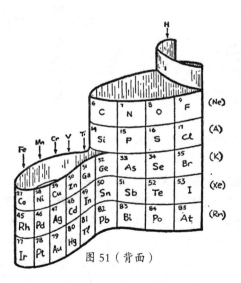

图 51（背面）

　　排列在缠绕缎带上的元素周期表，其周期为 2、8 和 18。图 51 正面图左下角的表中给出了不属于规则周期内的元素的反面视角（稀土元素和锕系元素）。

19 世纪末，俄国化学家 D. 门捷列夫（D. Mendeleev）注意到按照自然顺序排列的元素的化学性质具有显著的周期性。他发现，元素的性质会在经过一定的原子序数之后开始重复。图 51 以图形的方式表达了这种周期性，图中所有目前已知的元素符号沿着圆柱体表面的螺旋带排列，这样一来，具有相似性质的元素就会排在同一列中。我们可以看到，第一组只包含两种元素：氢和氦，接下来的两组各含有 8 个元素，最后，每相隔 18 个，元素性质就会重复一次。如果我们还记得自然序列中每增加一个序数，原子中就增加一个电子的话，就会得出这样的结论：元素的化学性质之所以会呈现明显的周期性，必然是因为原子中的电子（或"电子层"）拥有某种稳定结构。第一个完整的电子层必然是由两个电子组成的，然后是两个各含有 8 个电子的电子层，再往外的电子层最多能容纳 18 个电子。从图 51 中我们还能注意到，在第六个和第七个周期中，原本严格的元素性质周期律被打乱，导致有两组元素（所谓的稀土元素和锕系元素）只能抽出来放在旁边。这种反常现象是因为在这两个周期中，电子层结构出现了某种内部重建，严重破坏了其原子的化学性质。

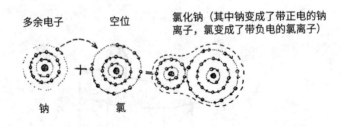

图 52 氯化钠分子中钠原子和氯原子结合过程的示意图

既然我们知道了原子的模样，就可以试着回答一下下列问题：是什么力量将不同元素的原子结合在一起，形成了无数化合物的复杂分子？比如，为什么钠原子和氯原子会结合形成一个食盐分子？图 52 给出了这两个原子的电子层结构，其中，氯原子的第三层电子层缺少一个电子，而钠原子在完成第二层电子层后还剩下一个电子。因此，钠原子的多余电子必然会趋向于为氯原子补全电子层。于是钠原子会（失去一个负电子）携带正电荷，而氯原子获得了一个负电荷。在这两个带电离子的相互吸引下，它们会结合在一起形成一个氯化钠分子，简单点说就是食盐。同理，一个外层电子层缺少两个电子的氧原子会"绑架"两个氢原子的单电子，形成一个水分子（H_2O）。相反，氧原子和氯原子之间，或者氢原子和钠原子之间，永远不会有发生化合反应的倾向，因为第一组的两者想索取而非给予电子，第二组中的两者都不想索取电子。

氦、氩、氖和氙这类元素的原子具有完整的电子层，完全能做到自给自足，不需要送出或索取额外的电子，所以它们相应的元素（所谓的"稀有气体"）具有化学惰性。

接下来，我们会讲一下原子中电子在统称为"金属"的物质中所起的重要作用，并总结这一节中有关原子及其电子层的讨论。金属物质可谓自成一派，它们的外层电子层受到的束缚力很弱，动不动就会出现一个自由电子。因此，金属内部充满了大量不相连的电子，它们像一群流离失所的人一样漫无目的地四处移动。如果一根金属丝的两端受到电场的作用，这些自由电子会沿着电场的反方向做定向运动，形成我们所说的电流。

自由电子的存在还是高热导率的原因，但这个主题我们会留到接下来的章节中讲。

6. 微观力学与不确定性原理

我们已经在前面一节中了解到，原子中的电子围绕中心原子核旋转的系统和行星系统很相似，那么我们自然觉得行星绕太阳运动的天文规律也适用于原子系统。特别是在电引力和重力定律中，引力都与距离的平方成反比，这种相似性表明原子中的电子一定会以原子核为焦点沿着椭圆轨道运动（图 53a）。

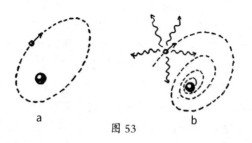

图 53

模拟行星系统运动的方式建立原子中电子完整的运动图像，这样的尝试未曾间断，然而，最近这些尝试走进了一个巨大的、意想不到的死胡同，从那以后好长一段时间，物理学家们就像疯了一样，甚至连物理学本身都失去了合理性。与太阳系的行星不同，原子中的电子是带电的，因此，就像所有振动或旋转的电荷一样，它们围绕原子核做圆周运动必然会产生强烈的电磁辐射。由于辐射会导致能量损失，便可以合理地假设原子中的电子沿着螺旋轨道逐渐接近原子核（图53b），最终在轨道运动的动能完全耗尽时落在原子核上。只要知道电荷量和原子中电子的旋转频率，就能简单地算出电子能量耗尽从而落在原子核上所需的时间不会超过一微秒的百分之一。

因此，根据物理学家们最可靠的知识和直到最近才被撼动的信念，和行星系统相似的原子结构的存在时间远远达不到一秒，在原子结构成形之初就注定会坍塌。

虽然根据物理理论得出的预言十分残酷，但实验表明，原子系统非常稳定，原子中的电子们依然快乐地绕着原子核旋转，没有任何能量损失，也没有任何要坍塌的迹象！

怎么可能！为什么对原子中的电子应用古老而完善的力学定律会得出与观测事实完全矛盾的结论呢？

要回答这个问题，我们必须讨论科学中最基本的问题：科学的本质是什么？什么是"科学"？我们对自然事实的"科学解释"究竟是什么意思？

举个简单的例子，让我们回想一下相信地球是平的的古希腊人。人们很难指责他们的这种信念，因为如果你走到开阔的田野里，或者在水面上划船，你能亲眼看到这确实是真的。除了偶尔出现的山丘和山脉，地球表面看起来确实是平的。古人的错误不是说"从一个给定的观察点看到的地球是平的"，而是把这句话过度泛化并超出了实际观测的范围。事实上，只要观测范围远超常规，其结果马上就能证明"地球是平的"这个论点是错误的，比如研究月食期间地球在月球上的阴影形状，或者麦哲伦著名的环球旅行。我们说地球看起来是平的，只是因为我们看到的只是地球表面很小的一部分。同理，正如第五章中讨论过的，连宇宙空间都可能是弯曲且有限的，尽管从有限的观测角度来看，它显得很平坦，而且无边无际。

但这与我们在研究形成原子的电子实际运动与理论预测遇到的矛盾有什么关系呢？答案是，在这些研究中，我们其实不自觉地假设了大型天体运动或日常生活中常见的"正常大小"的物体的运动所遵循的法则也适用于原子力学，因此可以一概而论。事实上，我们所熟悉的力学定律和概念是根据经验建立起来的，适用于大小与人类相当的物质。这些定律后来被用于阐明更大的物体的运动，如行星和恒星，而天体力学的成功，也使得我们能够以最大的精度计算数百万年后和数百万年前的各种天文现象，以至于我们在将熟悉的力学定律泛化到大质量天体运动阐述的过程中似乎丝毫未曾怀疑过它的适用性。

但是，我们怎么能保证适用于解释巨大天体、炮弹、钟摆和玩具陀螺运动模式的力学定律也适用于电子的运动呢？毕竟这些电子比我们拥有的最小的机械设备还要小，并且要轻几十亿倍。

当然，我们没有理由预先假定，普通力学定律一定不能解释原子中微小组成部件的运动；但另一方面，如果这样假设之后真的失败了，也无需太惊讶。

因此，用天文学家解释太阳系行星运动的那套方法来解释原子中电子的运动模式所产生的矛盾结论，必须先思考经典力学的基本概念和定律是否需要做出某些改变才能适用于如此微小的粒子。

经典力学的基本概念包括运动质点所描述的轨迹，以及质点沿其轨迹运动的速度。任意运动质点在任意时刻都占据空间中一个确定的位置，这个质点的连续位置形成的实线就是该质点的轨迹，此命题一直被认为是不证自明的，并形成了所有物质实体运动模式的基础依据。给定物体在不同时刻的两个位置之间的距离，除以相应的时间间隔，就是速度的定义，所有经典力学都建立在这两个关于位置和速度的概念上。直到不久之前，科学家们可能从未想过这些用于描述运动现象的最基本的概念会有错误，哲学家们也习惯地认为它们是"先验的"（a priori）。

然而，试图将经典力学定律应用于微小原子系统的运动模式所导致的惨败表明，在这些尝试中，有些东西从根本上就错了，而且越来越多的人开始相信，这种"错误"已经波及了经典力学的立足之本。包括运动物体的连续运动轨迹和它在任意时刻下的明确速度在内的基本运动学概念，在应用于原子系统内部的微小部件时似乎显得过于"粗略"。简而言之，通过将熟悉的经典力学概念引申到极微小质量领域，我们证明了这些概念必须经历相当大的改变。但是，如果经典力学的概念不适用于原子世界，那么它们对于更大的物质实体的运动来说也不可能是绝对正确的。因此我们得出结论：在应用基本经典力学时，必须将其看作充分逼近"真实情况"，在我们试图将经典力学应用于比经典力学原定研究对象更精确的体系时，这种近似性就出了纰漏。

通过对原子系统力学行为的研究以及所谓的量子物理学公式，物质科学纳入了新元素，其中，量子物理学发现，两个不同的物体之间，任何可能的相互作用都有一定的下限，这一发现颠覆了经典的运动物体轨迹定义。事实上，运动物体有精确的数学轨迹这一说法，意味着我们也许可以通过某种特别改装过的物理仪器记录这种轨迹。但是，千万别忘了，在记录任何运动物体的轨迹时，我们必然会打乱它原始的运动模式——事实上，如果运动物体对记录它在空间中连续位置的测量仪器施加了某种作用力，那么根据主张"作用力和反作用力相等"的牛顿定律，仪器也会反过来作用于运动物体。如果像经典物理学中假定的那样，两个物体（在此例中指运动物体和记录其位置的仪器）之间的相互作用可以无限小，我们就可以设想出一个异常灵敏、能够记录运动物体的连续位置而不受其运动干扰的理想仪器。

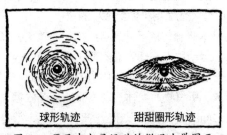

图 54　原子中电子运动的微观力学图示

物理相互作用下限的存在改变了这种情况，因为我们再也不能把由记录引起的运动干扰降低到任意小的值。因此，由观测引起的运动干扰成为运动本身不可分割的一部分，而且，我们不再研究用无限细的数学线表示的轨迹，而是不得不用一个有特定厚度的发散性带状物来代替它。经典物理学中清晰的数学轨迹变成了新力学中模糊的宽条。

然而，物理相互作用的最小量，也就是我们通常所说的作用量子（quantum of action）的数值非常小，它只有在我们研究非常微小的物体的运动时才具有重要性。比如，虽然一把左轮手枪的子弹轨迹并不是清晰的数学线，但是这个轨迹的"厚度"远远小于构成子弹材料的单个原子的大小，因此可以忽略不计。然而，如果是较轻的物体，就更容易受到测量运动时产生的干扰的影响，因此我们会发现这些物体的轨迹"厚度"愈发重要。对于原子中围绕原子核运动的电子来说，其轨迹的厚度已经和它的直径相当，因此，我们不得不用图 54 中的方式表示它们的运动，而不是用图

53 中的一条线表示。在这类情况下，粒子的运动不能用经典力学中熟悉的术语来描述，它的位置和速度都受制于某种不确定性（海森堡不确定性原理和玻尔并协原理）。[1]

新物理学中这一惊人的发现，把我们熟悉的运动轨迹、绝对位置、运动粒子的速度等概念都扔进了废纸篓，使我们如坠云雾。如果我们不能用这些原本被接受的基本原理研究原子中的电子，那么对它们的运动模式的理解何以立足呢？要用什么数学形式代替经典力学，才能研究量子物理中所需要的位置、速度、能量等因素的不确定性呢？

思考一下经典光理论领域中存在的类似情况，这些问题的答案就会浮出水面。我们知道，在日常生活中观察到的大多数光现象，都可以用"光沿着直线传播，所以称为光线"这个假设来解释。非透明物体的影子形状、平面镜及曲面镜的成像、镜头的功能和各种更复杂的光学系统都能很容易地在光线的反射与折射的基本规律中找到解释。（图 55a、b、c）

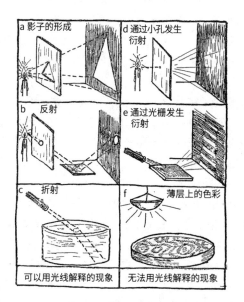

图 55

---

① 关于不确定性关系的详细讨论可以在笔者的《汤普金斯先生身历奇境》（*Mr. Tompkins in Wonderland*）（麦克米伦出版公司，纽约，1940 年）一书中找到。

　　人们曾尝试用几何光学方法证明光是以直线的形式传播的这一经典理论，但是我们也知道，这种尝试在光学系统中若小孔尺寸与光的波长相当时会出现严重失利。在这类情况下发生的现象被称为衍射现象，完全超出了几何光学的范围。也就是说，光束通过一个非常小的孔（约为 0.0001 厘米）时不能沿直线传播，而是以一种特殊的类似扇形的方式散射出去（图55d）。如果一面镜子被划上大量间距很窄的平行线（"衍射光栅"），那么落在这面镜子上的光束就不会遵循我们熟悉的反射定律，而是根据划痕的间距和入射光的波长被投向不同方向（图55e）。当光被铺在水面上的薄油层反射时，也会产生一种特殊的明暗条纹（图55f）。

　　在上述所有情况中，我们所熟悉的"光线"概念完全不能对观察到的现象做出解释，因此，我们必须认识到，光是连续分布在光学系统所占据的整个空间中的能量。

　　不难看出，将光线的概念应用于光学衍射现象的失利，与量子物理现象中力学轨迹概念的失利如出一辙。正如我们无法让光学中的光束变得无限细一样，力学的量子原理也使得运动粒子的轨迹不存在无限细一说。在这两种情况下，我们都不能用以下说法来解释观察到的现象：某物（光或质点）沿着数学意义上的线（光线或力学轨迹）传播，并被迫通过遍布整个空间的"某物"来呈现所观察到的现象。就光而言，这个"某物"是光在不同点振动的强度；在力学中，这个"某物"是一个新引入的位置不确定性概念：一个运动质点在某一给定时刻并非只会出现在某一个预先确定的位置，而是出现在好几个可能位置中的任意一个。现在，某个运动质点在给定时刻的精确位置这种说法已经不再成立了，不过，运用"不确定性关系"的相关公式进行计算，可以得出一个使这一说法成立的范围。不确定性关系指的是与光的衍射、新"微观力学"和"波动力学"有关的波动光学定律（由 L. 德布罗意和 E. 薛定谔提出），可以通过实验展示光学衍射及量子物理现象的相似性，以便清楚地理解这种不确定性关系。

　　图 56 展示了 O. 斯特恩在他的原子衍射研究中使用的装置。通过本章前面介绍的方法产生的钠原子束从晶体表面反射出来。在这种情况下，规整排列的原子层形成的晶格充当了入射粒子束所经过的衍射光栅。一系列以不同角度放置的小瓶子收集了经由晶体表面反射的入射钠原子，并对收集的原子数量进行了仔细测量。数量结果以图 56 中的虚线表示。我们可以看到，钠原子并非按照某个确定的方向进行反射（就像从玩具枪射到金属板上的滚珠轴承那样），而是按一定的角度分布，形成与普通 X 射线衍射

现象非常相似的模式。

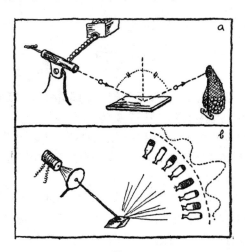

图 56

（a）可以用轨迹概念解释的现象（滚珠轴承从金属板反射）

（b）无法用轨迹概念解释的现象（钠原子从晶体表面反射）

　　这类实验不可能在经典力学的基础上得出解释，因为经典力学描述的是单个原子沿着确定轨迹的运动，但从新的微观力学角度就可以完全理解这类实验，因为微观力学是按照现代光学研究光传播的方法来研究质点运动的。

第七章 现代炼金术

1. 基本粒子

既然我们已经知道各种化学元素的原子都具有相当复杂的机械系统，其中有大量的电子围绕着中心原子核旋转，那我们就不得不问，这些原子核是否是物质中不可再分割的结构单位？还是说，原子核也可以进一步细分为更小、更简单的部分呢？是否有可能将总共 92 种的不同原子类型简化成几种非常简单的粒子？

19 世纪中叶，英国化学家威廉·普劳特（William Prout）出于这种对简洁的追求而提出了一个假设：所有不同化学元素的原子性质相同，只是该性质的程度随氢原子的"浓度"不同而不同。普劳特之所以做出该假设，是因为用化学方法确定了各种元素的化学原子质量相对于氢的原子质量来说，几乎是整数倍。也就是说，根据普劳特的说法，氧原子比氢原子重 16 倍，所以氧原子一定是由 16 个氢原子结合而成的。原子量为 127 的碘原子一定是由 127 个氢原子结合而成的，以此类推。

但是，当时的各种化学发现非常不利于人们接受这一大胆的假设。原子量的精确测量表明，它们并不能完全以整数表示，而是通常用非常接近整数的数字表示，在少数情况下，甚至无法用整数表示（比如氯的原子量是 35.5）。这些事实看起来都和普劳特的假设直接冲突，从而使其失去了可信度，直到去世，他也没能知晓自己的假设其实是多么正确。

直到 1919 年，英国物理学家 F. W. 阿斯顿（F. F. Aston）的发现才再次证实了普劳特的假设。阿斯顿指出，氯元素代表的是两种不同的氯原子的混合物，这两种氯原子的化学性质相同，但各自拥有不同的整原子数：35 和 37。化学家们得到的非整数 35.5 仅仅代表该混合物的平均值。[1] 对各种化学元素的进一步研究揭示了一个惊人的事实：大部分化学元素都是化学性质相同但原子量不同的几种成分的混合物。这些成分被称为同位素（isotope）[2]，也就是说，它们在元素周期表中占据相同的位置。所有同位素

---

[1] 由于较重的氯的含量为 25%，较轻的氯的含量为 75%，所以平均原子量一定是 $0.25 \times 37 + 0.75 \times 35 = 35.5$，这个结果与早期化学家所发现的一致。

[2] 同位素一词来源于希腊单词，意为相等和位置。

的质量都是氢原子质量的整数倍，这一事实给普劳特被遗忘的假说注入了新的生命。由于我们在前面的小节中提过，原子的质量主要集中在原子核，普劳特假说可以用现代术语重新表述为：不同原子种类的原子核是由不同数量的氢原子核构成的，这些氢原子核因在物质结构中的作用被赋予了"质子"（proton）这个特殊名称。

然而，在上述说法中有一处需要做出重要更正。以氧原子的原子核为例，氧是自然顺序中的第 8 种元素，所以它的原子中一定包含 8 个电子，它的原子核一定携带 8 个正电荷。但是氧原子的重量是氢原子的 16 倍。也就是说，如果我们假设一个氧原子是由 8 个质子组成的，就会得到正确的电荷量和错误的质量（都是 8）；但如果假设它有 16 个质子，我们虽然能得到正确的质量，但电荷量却是错误的（都是 16）。

很明显，解决这一难题的唯一方法是假设形成复杂原子核的一些质子已经失去了它们原有的正电荷，变成了电中性。

早在 1920 年，卢瑟福就提出了这种无电荷质子（现在称为"中子"）的存在，但过了 12 年，人们才在实验中发现了它们。这里必须指出，质子和中子不应被看作是两种完全不同的粒子，而是应该被看作是同一种基本粒子的两种不同带电状态，这种基本粒子现在被称为"核子"（nucleon）。也就是说，质子失去正电荷变成中子，中子获得正电荷变成质子。

在原子核的结构单位中引入中子的概念，前面几页提到的难题就迎刃而解了。要理解一个原子量为 16 的氧原子核为何只有 8 个单位的电荷，我们必须接受一个事实：它的原子核是由 8 个质子和 8 个中子组成的。[1] 碘原子核的原子量为 127，但原子序数为 53，因此它的原子核是由 53 个质子和 74 个中子组成的。而铀元素沉重的原子核（原子量为 238，原子序数为 92）则是由 92 个质子和 146 个中子组成的。由此开始，普劳特的大胆假设在诞生近一个世纪之后终于迎来了荣誉和认可。我们现在可以说，已知的无限多种物质，都是由两种基本粒子的不同组合形成的：（1）核子，物质的基本粒子，既可以是中性的，也可以带正电荷；（2）电子，自由负电荷（图 57）。

---

[1] 查看一下原子量表你就会注意到，在元素周期表的开头，原子量等于原子序数的 2 倍，也就是说这些原子的原子核中含有相同数量的质子和中子。而对于比较重的元素来说，原子量则增加得更快，说明这些元素的原子核中的中子比质子多。

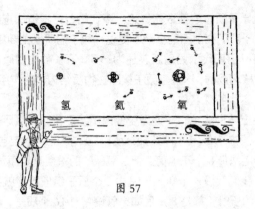

图 57

我们来看看《物质烹饪全书》的食谱，看看宇宙厨房是如何从装满了核子和电子的储藏室中取出原料做菜的：

水。准备大量的氧原子，每个氧原子由 8 个中性核子和 8 个带电的核子结合而成，用 8 个电子构成的外壳将氧原子核包裹住。将电子与带电核子一一相连，准备 2 倍于氧原子数量的氢原子。每个氧原子中加入 2 个氢原子，就可以得到水了，把水搅拌均匀，放入一个大玻璃杯中，冷食。

食盐。将 12 个中性核子和 11 个带电核子结合，并在每个原子核上附上 11 个电子，制成钠原子。将 18 或 20 个中性核子和 17 个带电核子（同位素）结合，并在每个原子核上附上 17 个电子，就能得到等量的氯原子。将钠原子和氯原子排列成三维棋盘状，就能形成规则的食盐晶体。

TNT。用 6 个中性核子、6 个带电核子和 6 个附着在原子核上的电子结合制成碳原子。用 7 个中性核子、7 个带电核子和原子核周围的 7 个电子制成氮原子。根据上述秘方制备氧原子和氢原子（详见：水）。将 6 个碳原子排列在一个环上，在环外放置第 7 个碳原子，并与 6 个碳原子中的一个相连。将 3 对氧原子与环上的 3 个碳原子相连，在氧原子和碳原子之间分别放置 1 个氮原子。环外的碳上连接 3 个氢原子，环上 2 个空着的碳原子上各连接 1 个氢原子。将获得的分子排列成规则图案，形成大量的小晶体，并将这些小晶体压在一起。注意轻拿轻放，因为这种结构不稳定且极易爆炸。

虽然我们刚刚讲过，中子、质子和负电子是构建任意物质的必要建筑元件，但这张基本粒子列表似乎还是不够完整。也就是说，如果普通电子代表的是带负电的自由电荷，那么难道不会有带正电的自由电荷，也就是正电子吗？

此外，如果身为物质基本单位的中子，可以通过获得一个正电荷变成一个质子，那么它难道就不能通过获得一个负电荷变成一个负质子吗？

答案是：自然界中确实存在与负电子极其相似，只是电荷符号不同的正电子。而且，虽然实验物理学还没能成功地探测到负质子，但其存在也具有一定的可能性。

在我们的物理世界中，正电子和负质子（如果有的话）之所以不像负电子和正质子那么多，是因为这两组粒子是相互对立的。众所周知，一正一负两个电荷被放在一起时，就会相互抵消。因此，既然这两种电子只不过是带着正负电的自由电荷，那么它们无法在同一区域中共存也是很正常的。事实上，一旦一正一负两个电子相遇，它们的电荷就会立即相互抵消，两个电子也就无法再以独立粒子的形式继续存在了。然而，两个电子相互湮灭的过程会产生一种强烈的电磁辐射（γ射线），这种辐射会从两个电子的相遇点逸出，并携带着两个消失了的粒子的原始能量。根据物理学的一条基本定律，能量既不会自发产生，也不会消失，所以这种辐射只是自由电荷的静电能量转化为辐射波的电力学能量的结果。这种由正负电子的相遇而产生的现象，被玻恩（Born）[1] 教授称为"疯狂婚礼"，而更为悲观的布朗（Brown）[2] 教授则称之为两个电子的"殉情"。图 58a 给出了这种相遇的图示。

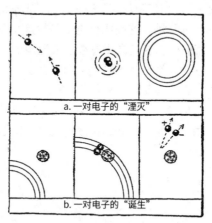

a. 一对电子的"湮灭"

b. 一对电子的"诞生"

图 58　两个电子"湮灭"并产生电磁波的过程示意图，以及由于电磁波靠近原子核而"诞生"了一对电子的示意图

---

[1] 玻恩，《原子物理学》（*Atomic Physics*）（G. E. 施特歇特出版社，纽约，1935 年）。

[2] T. B. 布朗（T. B. Brown），《现代物理学》（*Modern Physics*）（约翰·威利父子出版公司，纽约，1940 年）。

两个带相反电荷的电子"湮灭"的过程与强 γ 射线看似凭空生成一对正负电子的过程互为镜像。我们之所以说凭空生成，是因为每一对新生的电子都源于 γ 射线提供的能量。也就是说，形成电子对所需要的辐射能量和湮灭过程中释放的辐射能量是完全相等的。这种成对过程最容易在入射辐射靠近某一原子核时发生[①]，如图 58b 所示。原本不带电的两种物质形成两种相反电荷的例子并没有多稀奇，我们很熟悉的一个实验就有这个过程：一根硬橡胶棒和一块羊毛布料相互摩擦，就会分别产生相反的电荷。只要有足够的能量，我们想要产生多少正负电子对都可以。但是，我们必须充分认识到这样一个事实：相互湮灭的过程很快就会使它们退出舞台，"完全"偿还最初消耗的能量。

说到这种电子对的"批量生产"，"宇宙线簇射"（cosmic-ray shower）现象便是一个非常有趣的例子。来自星际空间的高能粒子流穿过地球大气层，就会产生宇宙线簇射。虽然这些在浩瀚无垠的宇宙中纵横交错的电子流的起源仍是科学界的未解之谜[②]，但我们清楚当电子以惊人的速度撞击大气层时会发生什么。经过形成大气的原子核时，初始高速电子会逐渐失去其原有的能量，这些能量以 γ 辐射的形式沿原电子的轨道向外释放（图 59），引起无数成对过程，而新形成的正负电子会沿着原电子的路径继续高速移动。这些次级电子仍然具有很高的能量，会产生更多的 γ 辐射，而 γ 辐射又会反过来生成更多的新电子对。在穿过大气层的过程中，这个连续增加的过程会重复很多次，因此，当原电子最终到达海平面时，会有一大群次级电子跟随着它，其中一半是正电子，另一半是负电子。不用说，这种宇宙线簇射也会在电子高速穿过质量很大的物质时发生，由于质量大的物体密度更高，分支过程的发生频率也会更高（见插图 IIA）。

---

① 虽然原则上来说，电子对的形成可以在真空中进行，但如果原子核周围存在电场，成对过程会大大受益。

② 这些运动速度可达光速的 99.999999999999% 的高能粒子可能是从悬浮在宇宙空间中的巨大气体和尘埃云（星云）之间的极高电势中获得了初始加速，这种假设可能是关于这些高能粒子的起源的最简单也最可信的解释。事实上，这些星云可能会通过与大气层中普通雷云相似的方法积累电荷，如此产生的电势差将远远高于那些在雷云中制造闪电的电势差。

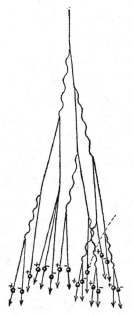

图 59 宇宙线簇射的起源

现在，我们要把注意力转向可能存在的负质子，一个中子获得一个负电荷或失去一个正电荷都有可能形成一个负质子。但是，不难理解，这种负质子和正电子一样，在任何普通物质中都存在不了多长时间。事实上，它们会立即被最近的带正电的原子核吸收，并很有可能在进入原子核结构后变成中子。因此，如果物质中确实存在这种有助于完善基本粒子图表对称性的质子，那么探测它们肯定不是一件容易的事。毕竟正电子是在普通负电子的概念被引入科学领域差不多半个世纪后才被发现的。假设负质子真的存在，那么原子和分子的倒装结构就值得我们研究了：原子核由普通的中子和负质子构成，并被正电子包围。这种"倒装"原子将具有与普通原子完全相同的性质，所以人们将无法分辨出倒装水、倒装黄油等与水、黄油等普通物质之间的区别。只有当我们把普通物质和"倒装"物质放在一起，才能区分它们。但是，一旦把这两种相反的物质放在一起，带有相反电荷的电子就会立即相互湮灭，带有相反电荷的核子也会立即相互中和，导致该混合物发生爆炸，且爆炸威力超过原子弹。据我们所知，除了我们的星系之外，可能有其他恒星系统是由这种倒装物质构成的，在这种情况下，只要从我们这边扔一块石头到那边的倒装恒星系统中，石头会在落地的瞬间变成一颗原子弹，反之亦然。

我们必须暂时放下关于倒装原子的天马行空的推测，去研究另一种基本粒子了，这种基本粒子也很不寻常，它的价值在于它实际参与了各种可观测的物理过程——它就是所谓的"中微子"（neutrino），尽管有人说中微子是"走后门"进入物理学领域的，也有很多人从四面八方来拒绝承认它的存在。但现在，中微子在基本粒子家族中享有不可动摇的地位。它们的发现和识别过程堪称现代科学中最激动人心的侦探故事之一。

中微子的存在是通过被数学家称为"反证法"（reductio ad absurdum）的方法发现的。这个令人兴奋的发现并非起源于某种东西的存在，而是某种东西的缺失。这种缺失的东西就是能量。根据自古以来最稳固的物理定律之一，能量既不能被创造也不能凭空消失，那么这种本应存在的能量如果缺席了，就代表一定有一个小偷，或者一群小偷，把能量偷走了。因此，即使是看不见的东西，科学侦探们也要给它们命名，于是，这种能量小偷就被称为"中微子"。

但这快进得有点多了。让我们回到伟大的"能量抢劫案"：正如我们之前看到的，每个原子的原子核都由核子组成，其中大约一半是中性的（中子），另一半带正电荷。如果增加一个或几个额外的中子或质子，打破原子核中中子和质子相对数量的平衡①，就必须进行一次电荷调节。如果中子过多，一部分中子就会释放负电子，让自己变成质子，而被释放的负电子会离开原子核。如果质子过多，一些质子就会通过释放一个正电子使自己变成中子。图60展示了这两类过程。原子核的这种电荷调节通常被称为"β衰变"，而从原子核发射出的电子则被称为β粒子。由于原子核的内部转换是一个定义明确的过程，该电荷调节过程一定会伴随着确定数值的能量释放，这种能量释放与被释放的电子有关。因此，我们能够预测到，由给定物质发射的β电子一定都会以相同的速度运动。然而，关于β衰变的观测事实与这一预测恰好相反。事实上，人们发现，给定物质发出的电子具有的动能各不相同。由于没有发现其他粒子，也没有辐射来平衡这种差异，β衰变中"能量缺失的情况"成了一个相当严重的议题。

---

① 这可以通过轰击原子核的方法做到，本章后面会介绍到。

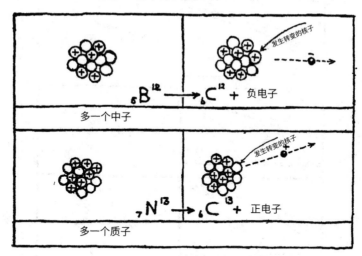

图 60 负 β 衰变和正 β 衰变的形式（为便于表示，所有核子都画在了一个平面上）

有一段时间，人们以为著名的能量守恒定律失效的第一个实验证据出现了，这对所有精心构建的物理理论来说都将是一场灭顶之灾。但还有另一种可能：也许丢失的能量是被某种新的粒子带走的，而我们的观测方法没有发现这些粒子的窃取过程。泡利（Pauli）提出，这种窃取核能量的"巴格达盗贼"的角色可以由假想粒子——中微子——来担当。中微子不携带电荷，且其质量不超过普通电子的质量。事实上，通过高速运动粒子和物质间相互作用的已知事实就能得出结论：这种不带电的轻质量粒子不会被任何现有的物理设备发现，而且可以毫无困难地穿透任何材料。也就是说，虽然可见光会被一根细金属丝完全挡住，而穿透性很强的 X 射线和 γ 射线的强度需要经过几英寸厚的铅板才会大幅减弱，但中微子束却可以轻而易举地穿过几光年厚的铅板！难怪它们能避过所有可能的观测手段，只有造成能量缺失后才引起了人们的注意。

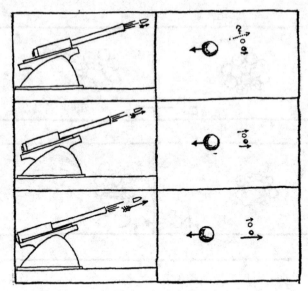

图 61　火炮和核物理中的反冲问题

虽然一旦中微子离开原子核，我们就无法再捕捉它们，但有一种方法可以研究它们离开原子核后引起的次级效应。当你用来复枪射击时，肩膀会受到枪的反作用力，而大炮在射出沉重的炮弹后也会对炮架产生后坐力。在发射出高速粒子的原子核中应该也可以观察到同样的反作用力效应。事实上，人们确实观察到，发生 β 衰变的原子核总在射出电子的反方向上获得一定的速度。然而，这种原子核反冲的特殊性质的实际观察结果却是：无论被射出的电子是快是慢，原子核的反冲速度总是差不多的（图 61）。这似乎很奇怪，因为我们会自然地认为快速射击的枪产生的后坐力比慢速射击的更强。解答这一谜题的关键在于：原子核释放电子时总是同时释放中微子，而中微子携带着剩余的能量。如果电子的速度高，占据了大部分可用的能量，中微子的速度就会变得缓慢，反之亦然，因此，由于原子核受到两个粒子的共同作用，它受到的反冲力总是很强。如果这个效应还不能证明中微子的存在，那就没有什么能够证明了！

现在，我们可以总结上述讨论的结果，列一个参与宇宙结构的基本粒子的完整列表，并对它们之间的关系有所了解。

首先是核子，它是基本的物质粒子。就目前的知识而言，它要么带正电荷，要么是中性，但也有可能有些带负电荷。

然后是包括自由正电荷和自由负电荷在内的电子。

还有神秘的中微子，它们不携带电荷，比电子轻得多①。

最后是电磁波，它是电力和磁力能够在真空中传播的原因。

这些物质世界的基本组成部分都是相互依存的，并且能够以各种方式结合在一起。也就是说，一个中子可以通过发射一个负电子和一个中微子变成一个质子（中子→质子＋负电子＋中微子）；质子可以通过发射一个正电子和一个中微子变回中子（质子→中子＋正电子＋中微子）。两个带相反电荷的电子可以转化为电磁辐射（正电子＋负电子→辐射），反之亦然（辐射→正电子＋负电子）。最后，中微子可以与电子结合，形成在宇宙射线中观察到的不稳定单位——介子（meson），它还有一个很不恰当的名字："重电子"（中微子＋正电子→正介子；中微子＋负电子→负介子；中微子＋正电子＋负电子→中性介子）。

中微子和电子的组合充斥着大量内能，使得它们的质量比组成它们的粒子本身的质量总和重大约 100 倍。

图 62 展示了基本粒子参与宇宙结构的示意图。

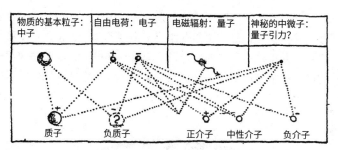

图 62　现代物理学中的基本粒子及其不同组合的图表

你可能会问："到此为止了吗？我们凭什么假设核子、电子和中微子真的是最基础的组成部分呢？"半个世纪前，人们不是还认为原子是不可分割的吗？但今天的原子是多么复杂啊！答案是，虽然没有办法预测物质未来的发展，但现在我们有更充分的理由相信，这些基本粒子确实是基本单位，且不能再进一步细分。虽说曾经不可分割的原子显示出了各种各样复杂的化学、光学和其他性质，但现代物理学中的基本粒子的性质却极其简

---

① 这方面的最新实验证据表明，中微子的重量不超过电子的十分之一。

单——事实上，它们的简单性与几何点的性质相似。此外，与经典物理学中大量的"不可分割的原子"相比，我们现在只剩下三个本质上不同的实体要研究：核子、电子、中微子。尽管人们努力将一切最简化，但总不可能把某些东西简化得一无所有。这样看来，我们寻找构成物质的基本元素的旅途确实已经抵达了终点。

2. 原子的中心

既然已经完全了解构成物质结构的基本粒子的本质和特性，那么我们就可以对原子核——每个原子的中心——进行更详细的研究了。虽然原子的外部构造某种程度上和微型行星系统比较相似，但原子核本身的结构却是一番完全不同的景象。首先可以肯定的是，将原子核聚集在一起的力并不是纯电力，因为核粒子的一半是不带任何电荷的中子，另一半是全部带有正电荷并且相互排斥的质子。如果一群粒子中只存在斥力，它们是不可能达到稳定状态的！

因此，想要了解原子核的组成部分为什么能够聚在一起，必须先假设它们之间存在某种引力，这种引力既作用于带电的核子，也作用于不带电的核子。这种力通常被称为"内聚力"（cohesive force），不管它作用于何种性质的粒子，都能使这些粒子凝聚在一起。比如，普通液体中的内聚力可以防止分子散开。

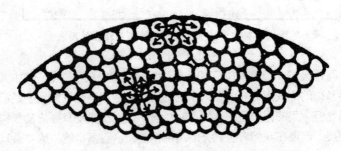

图 63　液体表面张力图示

原子核中也存在类似的内聚力，它作用于单个核子之间，防止原子核被质子之间的电斥力所分裂。也就是说，虽然原子外层的电子层之间有足够的空间可供移动，但原子核的样子恰好相反——大量的核子紧紧地挤在一起，就像罐头里的沙丁鱼。本书作者率先提出，可以假设原子核的构造方式与任何普通液体相同，且具有和普通液体相同的表面张力现象。你可能还记得，液体之所以具有表面张力现象，是因为位于液体内部的粒子会受到来自四面八方的相等且向外的拉力，而位于液体表面的粒子受到的拉力则是向内的（图 63）。

　　这样一来，不受任何外力作用的液滴总是倾向于形成理想的球形，因为球形是所有指定体积的几何图形中表面积最小的。也就是说，我们可以将不同元素的原子核简单地看作大小不一但性质相似的"核流体"（nuclear fluid）液滴。但是，别忘了，核流体虽然在性质上与普通液体相似，但在数量上却相去甚远。事实上，它的密度比水的大 24×10^{16} 倍，表面张力大约是水的 10^{18} 倍。为了使这些庞大的数字更便于理解，让我们看看以下示例。假设我们有一个金属丝做成的框架，形状类似倒过来的大写字母 U，如图 64 所示，它的面积是 2 平方英寸，中间横着一根笔直的金属丝，由此形成的正方形中有一层肥皂膜。肥皂膜的表面张力会向上拉动横着的金属丝，在这根金属丝上挂一点重物，就可以抵消肥皂膜的表面张力。如果薄膜是用普通的肥皂水制成，且厚度为 0.01 毫米，那么它的重量约为 1/4 克，而它能承受的总重量约 3/4 克。

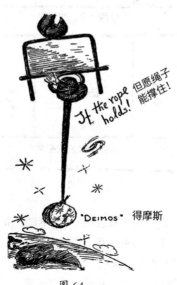

图 64

如果这层薄膜是由核流体构成的，那么薄膜的总重量就是 5000 万吨（约相当于 1000 艘客轮），而横着的金属丝上可以悬挂的重量约 1 万亿吨，这大概相当于火星第二颗卫星的质量！一个人必须有相当强大的肺才能用核流体吹出泡泡！

将原子核看作是核流体微小液滴的同时，千万别忘了这些液滴是带电荷的，毕竟形成原子核的粒子中大约有一半是质子。试图将原子核一分为二或多份的核子之间的电斥力，和倾向于将原子核维持在一个整体中的表面张力相互抵消。这就是原子核不稳定的主要原因。如果表面张力占了上风，原子核将永远不会自发分裂，且两个相互接触的原子核会像两个普通液滴一样熔合（fuse）。

相反，如果斥力占了上风，原子核就会呈现自发一分为二或多份的趋势，这些分裂后的部分会高速飞离——这种分裂过程通常被称为"裂变"（fission）。

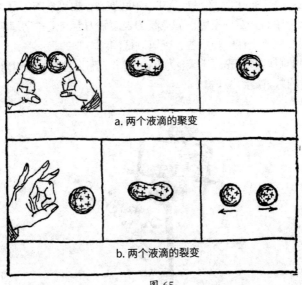

a. 两个液滴的聚变

b. 两个液滴的裂变

图 65

1939 年，玻尔和惠勒（Wheeler）对不同元素原子核中的表面张力和电力之间的平衡进行了精确计算，并得出了一个极其重要的结论：表面张力在元素周期表前半部分的元素原子核中占主导地位（差不多到银为止），而电斥力在剩下所有较重的原子核中更占优势。因此，基本上所有比银重的元素原子核都是不稳定的，会在受到足够强的外力时分裂成两个或更多个，并释放出大量的内部核能（图 65a）。相反，当两个原子量小于银的较轻原子核靠近时，就会自发产生聚变过程（图 65b）。

但是，只要我们不采取措施，不管是两个轻原子核的聚变，还是一个重原子核的裂变，都不会发生。也就是说，为了让两个轻原子核发生聚变，我们必须设法克服二者之间的斥力作用；而为了使一个重原子核发生裂变，我们必须给它施加一个足够强大的外力，让它产生大幅振动。

科学界通常将某种没有初始刺激就不会发生的状态称为"亚稳定性状态"（the state of metastability），这种状态就像是悬崖边上的石头、口袋里的火柴、炸弹里的 TNT。虽然每个例子中都有大量未释放的能量，但是，如果不踢石头，石头就不会滚下悬崖；如果不用鞋底或其他东西摩擦火柴，火柴就不会燃烧；如果没有导火线引爆 TNT，炸弹就不会爆炸。也就是说，我们生活的世界中，除了银币 ①，其他所有东西都具有潜在的核爆炸性，它们之所以没有炸成碎片，是因为启动核反应是极其困难的，或者更科学点说，启动核转变所需的激活能量是极高的。

核能对我们来说，就好像火之于爱斯基摩人（至少直到不久前是这样的）：在常年温度零摄氏下的世界中，冰是唯一的固体，酒精是唯一的液体。他们从来没有听说过火这种东西，毕竟摩擦两块冰打不出火，对他们来说，酒精也只是一种令人愉悦的饮品，因为他们没法儿把酒精的温度提升至它的燃点。

我们新发现的大规模释放原子内部隐藏能量的过程给人类带来巨大的震撼，不亚于爱斯基摩人第一次看到酒精灯。

然而，一旦克服了启动核反应的困难，结果将完全对得起曾经付出过的任何努力。以等量的氧原子和碳原子的混合物为例。它们的化学结合反应式为：

O（氧）+C（碳）→ CO（一氧化碳）+ 能量，每克这种混合物可以提供 920 卡路里 ② 的热量。

---

① 记住，银原子核既不会聚变也不会裂变。

② 卡路里是热量单位，定义为使 1 克水升高 1 摄氏度所需的能量。

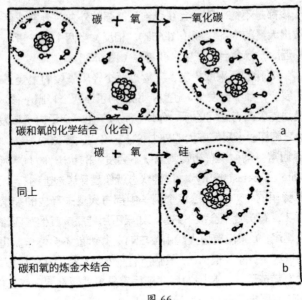

图 66

如果，我们放弃这种合成分子的化学手段（图 66a），改用炼金术（聚变）使这两个原子核合为一体（图 66b）：

$$_6C^{12}（碳）+_8O^{16}（氧）=_{14}Si^{28}（硅）+能量$$

那么每克混合物释放出的能量将是 140 亿卡路里，也就是说，是原来的化合反应的 1500 万倍。

同理，复杂的 TNT 分子分解成水、一氧化碳、二氧化碳和氮气分子（分子裂变）的过程可以释放约 1000 卡路里的能量，而同等重量的水银的核裂变过程则能够产生 100 亿卡路里的能量。

但是，别忘了，虽然大部分化学反应需要的温度只有几百摄氏度，但它们所对应的核转变过程则需要数百万摄氏度的高温！触发核反应的困难程度恰好证明了一件令人欣慰的事：短时间内，宇宙不会面临因大爆炸而变成一块银子的危险。

3. 粉碎原子

虽然原子质量的整数特性为原子核的复杂结构提供了有力的证据，但要彻底证明原子核拥有这样复杂的结构，必须设法将原子核分解成两个或多个独立部件，才能获得最直接的证据。

50 年前（1896 年），贝克勒尔（Becquerel）发现了放射性的存在，首次指明了这种分裂过程确实有发生的可能性。这一发现表明：铀和钍这类位于元素周期表尽头的元素，之所以能自发地释放高穿透性射线（类似于普通的 X 射线），是因为这些原子缓慢的自发性衰变。科学家对新发现的这个现象进行了谨慎的研究之后，很快便得出结论：1 个重原子核会自发衰变分裂成 2 个完全不对等的部分：（1）1 个被称为 α 粒子的小碎片，它代表的是 1 个氦原子核；（2）失去 α 粒子的原子核残骸，成了新形成子元素的原子核。当原始的铀原子核分裂，释放出 α 粒子时，被称为铀 X_1 的子元素的原子核经过内部电荷调整，释放出 2 个负电荷（普通电子），并变成铀的同位素的原子核，比原来的铀原子核轻了 4 个单位。随后，还会有新一轮的 α 粒子释放与进一步的电荷调节，如此往复循环，直到子元素原子核变为稳定的铅原子核并停止衰变。

类似这种交替发射 α 粒子和电子的连续放射性转变也存在于另外两个放射性家族中：从重元素钍开始的钍系元素，从锕铀（actino-uranium）元素开始的锕系元素。在上述这三组元素中，自发性衰变会一直持续到生成铅的三种不同的同位素为止。

看到上述关于自发放射性衰变的描述，好奇的读者可能会有些奇怪：前一节的概述中明明提到，由于电斥力比倾向于将原子核聚在一起的表面张力更占优势，元素周期表后半部分的原子核都具有不稳定性。既然所有比银重的原子核都不稳定，那么为什么只有铀、镭、钍这种特别重的元素才具有自发性衰变呢？答案是，从理论上讲，所有比银重的元素都是放射性元素，而且它们确实正在通过衰变缓慢地转变为较轻的元素。但大多数情况下，这类自发衰变进展十分缓慢，以至于人们无法察觉。也就是说，碘、金、汞和铅这些我们熟悉的元素的原子可能好几个世纪才会分裂一两次，即使是最灵敏的物理仪器也无法记录这样缓慢的变化。只有最重的元素的自发分裂才会产生明显的放射性[1]。这种放射转变的速率还决定了不稳定原子核的分裂方式。比如，铀原子的原子核就有很多种不同的分裂方式：它可以自发分裂成两等份、三等份或大小不同的几份。但是，铀原子通常分裂成一个 α 粒子和重原子核剩下的部分，因为这对铀原子来说是最简单

---

[1] 以铀为例，每克铀中每秒有几千个原子分裂。

的分裂方式。据已经观察到的结果来看，铀原子核自发分裂出 α 粒子的可能性比分裂成两等份的可能性大约高 100 万倍。也就是说，就算每克铀中每秒约有 1 万个铀核因发射 α 粒子分裂，我们也得等上好几分钟才能看到一个铀核分裂成两等份的裂变过程！

　　放射性现象的发现无疑证明了核结构的复杂性，并为人工生产（或诱导）核转变的实验铺平了道路。于是问题来了：如果重元素——尤其是那些不稳定的——原子核能够自发衰变，那么，我们难道不能用高速移动的核弹射物猛烈撞击其他通常比较稳定的元素原子核，使它们发生裂变吗？

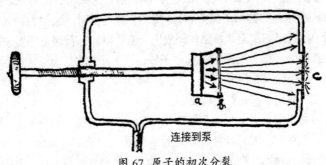

连接到泵

图 67　原子的初次分裂

　　有了这个疑问后，卢瑟福决定用不稳定的放射性原子核自发裂变产生的核碎片（α 粒子）来强力轰击各种通常处于稳定状态的元素原子。1919 年，卢瑟福在第一次核转变实验中使用的设备如图 67 所示，和如今几个物理实验室使用的巨型原子加速器相比，这台设备算得上是极其简易了。它包括一个真空状态的圆柱形容器，和一个由荧光材料（c）制成、用作屏幕的薄窗口。用来轰击原子核的 α 粒子来源于放置在金属板（a）上的一层薄薄的放射性物质，而要接受轰击的元素是一根放置在离轰击源一定距离处的铝丝（b）。铝丝的安装位置使得所有入射的 α 粒子都会在遇到它的瞬间嵌入其中，无法点亮屏幕。因此，屏幕将保持全暗状态，除非它接收到铝丝被轰击后发射的次级核碎片。

　　卢瑟福将所有部件安放好后，通过显微镜观察屏幕，看到了一幅绝不会被误认为是黑暗的景象。整个屏幕上充斥着无数闪烁的小火花！每个火花都是由一个质子撞击屏幕产生的，而每个质子都是由入射 α 弹射物从目标铝原子中踢出的一片"碎片"。至此，元素的人为转变的理论可能性被科

学证实 ①。在卢瑟福的实验之后的几十年中，元素的人工转变科学成了物理学中规模最大、最重要的分支之一，并且在制造用于轰击源的高速抛射物和观察轰击结果方面都取得了重大突破。

能够让我们亲眼观察核弹射物击中原子核的景象的仪器中，云室（或根据其发明者的名字命名为：威尔逊云室）是最令人满意的一个。其结构如图 68 所示。它的工作原理建立在以下事实的基础上：高速移动的带电粒子——如 α 粒子——在通过空气或任何其他气体的过程中，会导致其运动路线上的原子产生一定程度的扭曲。这些高速带电粒子会利用本身强大的电场，从恰好挡住它们去路的气体原子中扯掉一个或多个电子，留下大量电离原子。这种情况不会持续很长时间，因为高速带电粒子通过后不久，电离原子就会夺回它们的电子，回归正常状态。但如果这种电离气体中充满了饱和水蒸气，根据水蒸气喜欢积聚在离子、尘埃颗粒等物体上的特性，气体中的离子上就会形成微小水滴，在高速带电粒子通过的路径上形成一个薄雾带。这样带电粒子通过气体的轨迹就像飞机在空中划出飞机线一样清晰可见了。

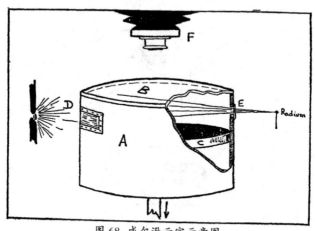

图 68 威尔逊云室示意图

从技术角度看，云室是个非常简单的装置，主要由一个金属圆柱体（A）、一个玻璃盖（B）和圆柱体中的一个活塞（C）构成，活塞可以通过某个图中未显示的装置上下移动。玻璃盖以下和活塞以上的空间中充满了

---

① 上述过程可以用以下公式表示：$_{18}Al^{27}$（铝）$+ _2He^4$（氦）$\rightarrow _{14}Si^{30}$（硅）$+ _1H^1$（氢）。

普通空气（需要的话，任意气体都行）和大量水蒸气。当原子弹射物由窗口（E）进入燃烧室后立即拉下活塞，活塞上方的空气就会降温，导致水蒸气沿着弹射物的轨迹沉积成薄雾带。这种薄雾带在侧窗（D）中透过的强光下会十分清晰地显现在活塞黑色的表面上，继而变得清晰可见，甚至可以用与活塞联动的相机（F）拍摄下来。这台简易的仪器是现代物理学中最具价值的设备之一，让我们看到原子核轰击的照片。

有了观察实验结果的方法，我们自然也想设计出只要在强电场中加速各种带电粒子（离子）就能产生强力原子弹射粒子束的方法。这种方法不但能避免使用稀有且昂贵的放射性物质，还让我们可以使用其他不同类型的原子弹射物（比如质子），并由此获得比普通放射性衰变更高的动能。在能够产生密集的高速原子弹射粒子束的机器中，静电发电机、回旋加速器和直线加速器占据了至关重要的位置，图 69、70 和 71 分别对它们的功能做出了简短的描述。

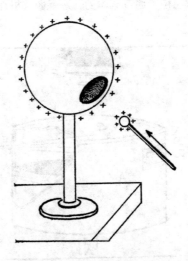

图 69　静电发电机原理

我们都知道，在基础物理学中，传导到球形金属导体上的电荷会在其表面分布开来。也就是说，我们可以在球体表面开个洞，将一个带电小导体从洞中伸入球体并接触其内表面，少量多次地将电荷引入导体内部，从而使该球形导体获得任意数值的电势。现实中，人们其实是利用一根传送带将小型变压器产生的电荷通过表面的洞带入球形导体的。

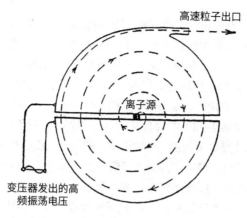

图 70 回旋加速器原理

回旋加速器本质上是由两个放置在强磁场（垂直于绘图平面）中的半圆形金属盒组成的。两个盒子连接在一个交替发出正负电的变压器上。从中央的离子源发出的离子在磁场中沿图示的环形轨迹运动，每当离子从一个盒子进入另一个盒子时，就会获得一次加速。随着速度逐渐加快，离子会沿着上升螺旋移动，并最终以相当高的速度射出。

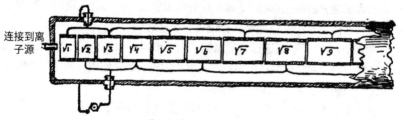

图 71 直线加速器原理

该仪器由若干长度不断增加的圆柱体组成，圆柱体连接变压器，接受正负交替的电流。离子从一个圆柱体进入另一个圆柱体时，会由于其间存在的电位差而逐渐加速，能量也逐次定量增加。由于速度与能量的平方根成正比，那么只要圆柱体的长度是平方根的整数倍，离子就会和交变磁场保持相位一致。如果该体系的长度足够长，我们就能将离子加速到任意速度。

利用上述类型的电子加速器产生各种高强度原子弹射粒子束，并将这些粒子束作用于不同靶材料，我们就可以获得大量的核反应，还可以利用云室照片对这些核反应进行便捷研究。插图中展示了一些核转变的过程。

剑桥的 P. M. S. 布莱克特（P. M. S. Blackett）拍摄了第一张这样的照片，照片中的一束天然 α 粒子正穿过一个充满氮气的云室[1]。首先，该照片表明粒子的轨迹长度是有限的，因为粒子在气体中飞行时会逐渐失去动能，最终停止。照片中的两组轨迹长度明显不同，因为粒子源（ThC 和 ThC¹ 两种 α 放射元素的混合物）中的两组 α 粒子的初始能量不同。不难看出，α 粒子的轨迹总体来说是直线，在靠近末端的地方，由于粒子失去了大部分初始能量，更容易在途中与氮原子核的间接碰撞中发生偏移。但这张照片的精髓在于一条具有独特分叉的 α 粒子轨迹，分叉中包含一条细长分支和一条短粗分支。这个分叉是一个 α 粒子和云室内的一个氮原子核正面相撞的结果。细长的轨迹是质子在碰撞力的作用下从氮核中被撞出的轨迹，短粗的轨迹则是在碰撞中被撞到一边的氮原子核本身。而本应出现在照片中的 α 粒子被反弹的第三条轨迹的缺失表明，这个入射 α 粒子附着在了原子核上并随之一起运动。

插图 IIIB 展示了人工加速质子撞击硼原子核的过程。高速质子从加速器喷嘴（照片中央阴影处）处射出，击中放置在出口正对面的硼膜，硼原子核碎片因此四散飞入周围的空气中。照片的有趣之处在于，因为被质子撞击的硼核会分裂成三等份[2]，核碎片的轨迹总是一式三份（照片中有两组这样的三联体，其中一组用箭头标记）。

插图 IIIA 展示了高速运动的氘核（由一个质子和一个中子组成的重氢核）与靶物质中的其他氘核的碰撞[3]。照片中较长的轨迹属于质子（氢核），而较短的轨迹属于超重氢核——氚核。

云室照片集中缺少了中子参与的核反应就不完整了，毕竟中子和质子一样，是所有元素原子核的主要组成部分。

由于中子不带电，这些"核物理中的黑马选手"在穿过物质时不会产生任何电离，想在云室照片中找寻中子的轨迹将是一番徒劳。但是只要你看到猎人的枪冒着烟，并且有野鸭从天上掉下来，那么就算你看不见，也会知道有一颗子弹射出。同理，看一下插图 IIIC 中一个氮核分裂成氦（向下的轨迹）和硼（向上的轨迹）的景象，你会不由自主地觉得这个氮核是

---

[1] 布莱克特的照片（本书没有收录）上的炼金反应方程式为：$_7N^{14} + _2He^4 \rightarrow _8O^{17} + _1H^1$。

[2] 该反应的反应式为：$_5B^{11} + _1H^1 \rightarrow _2He^4 + _2He^4 + _2He^4$。

[3] 该反应的反应式为：$_1H^2 + _1H^2 \rightarrow _1H^3 + _1H^1$。

被来自左边的什么看不见的轰击粒子狠狠撞了一下。事实上，为了拍摄这张照片，确实必须在云室的左壁放置镭和铍的混合物——也就是众所周知的快中子源。[①]

如果把中子源的位置和氮原子发生分裂的位置连起来，中子穿过云室的直线路径就一目了然了。

插图 IV 展示了铀核的裂变过程。这张照片是由包基尔德、布拉斯托姆和劳里森共同拍摄的，展示了两个裂变碎片从支撑靶铀层的薄铝箔上飞向相反的方向。当然了，照片中既看不到导致裂变的中子，也看不到裂变产生的中子。我们可以不停地用电加速粒子轰击原子核，并对得到的各种类型的核反应进行研究，但是现在，是时候讨论一个更重要的问题了，那就是这种核轰击方法的效率。毕竟插图 III 和插图 IV 所展示的只是单个原子的衰变过程，如果要把 1 克硼完全转化成氦，我们得轰碎 55×10^{21} 个硼原子。如今最强力的电子加速器每秒大约能产生 10^{15} 个粒子，所以即使每个粒子都能轰碎 1 个硼核，加速器也必须得连续运转 5500 万秒，也就是大约两年才能完成这项工作。

但是，各种加速机器产生的带电原子核粒子的实际效率要小得多，而且通常几千个粒子中只有一个能轰碎靶材料的原子核。原子轰击的效率之所以如此低，是因为原子核被电子层包围，而电子层能够使通过其中的带电粒子减速。因为原子电子层的目标区域远远大于原子核的目标区域，而我们又显然不能直接让粒子瞄准原子核，所以每个粒子一定会多次穿过电子层，才会有机会正面撞击原子核。此过程如图 72 所示，黑色实心球代表原子核，浅色阴影代表原子电子层。原子直径大约是原子核直径的 1 万倍，因此它们目标区域的比率为 1 亿∶1。而且，我们知道一个带电粒子每穿过一次电子层，就会损失万分之一的能量，所以大约穿过 1 万个原子电子层后，该带电粒子就会完全停止。从上面引用的数字中不难看出，大约只有万分之一的粒子有机会在其初始能量完全消逝在电子层之前撞击原子核。考虑到带电粒子只能以这么低的效率轰击靶材料的原子核，所以 1 克硼必须要在现代原子加速器产生的粒子束中待 2 万年才能完全转变为氦！

[①] 这一炼金过程可以用以下反应式表示：（a）产生中子：${}_4Be^9 + {}_2He^4$（来自镭的 α 粒子）$\rightarrow {}_6C^{12} + {}_0n^1$；（b）中子撞击氮核：${}_7N^{14} + {}_0n^1 \rightarrow {}_5B^{11} + {}_2He^4$。

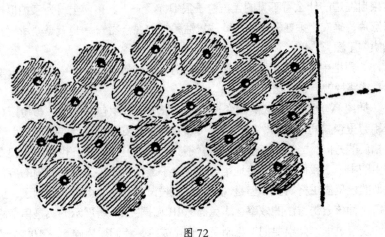

图 72

4. 核物理学

"核物理学"（nucleonics）也不是很准确的词，但像许多这种类型的词语一样，我们也拿它没什么办法，而且它似乎还是有一定实际作用的。由于"电学"一词被用来描述自由电子束广泛实用的知识，"核物理学"一词应被看作是研究大规模核能释放的实际应用的科学。我们已经在前几节中了解到，各种化学元素的原子核（除了银）都携带了大量内能，对于较轻的元素，这些内能可以通过核聚变过程释放出来，而对于较重的元素，可以通过核裂变过程释放出来。我们还提过，用人工加速的带电粒子进行核轰击的方法虽然对各种核反应的理论研究具有重要意义，但效率极低，实用价值不大。

α 粒子和质子等这类普通核弹射物的低效率主要是因为它们带电荷，会在穿过原子电子层时失去能量，无法充分接近靶物质的带电原子核，所以我们能够想到，使用不带电的弹射物和完全由中子组成的靶原子核就会得到更高效的结果。但是问题来了！中子可以毫无困难地穿透原子核结构，它们在自然界中不存在自由形式，如果人工入射弹射物（比如受到 α 粒子轰击的铍原子核产生的中子）将一个自由中子踢出某个原子核，那么它很快就会被其他原子核再次捕获。

因此，为了生成用于核轰击的强力中子束，必须把某种元素原子核中的所有中子都踢出去。这就把我们又绕回了带电弹射物效率低这个问题上。

不过，有一个办法可以摆脱这种死循环。如果中子可以踢出中子，并且每个中子可以产生一个以上的次级中子，那么中子的数量就会像兔子（对比图 97）或被感染的细菌一样增殖，一个中子很快就会产生足够的次级中子，足以对一大群靶物质中的所有原子核进行轰击。

随着一种特殊核反应的发现，中子增殖具有了可行性，原子核物理学开始大热，它不再是拘泥于关注物质最本质特性的纯粹科学，也因此走出了严肃科学的象牙塔，并且被卷入了一个嘈杂的旋涡，漩涡中充斥着喧嚣的报纸头条、激烈的政治讨论和惊人的工业与军事发展。读过报纸的人都知道，哈恩（Hahn）和斯特拉斯曼（Strassman）于 1938 年末发现的铀核裂变过程会释放出核能或通常所称的原子能。但是，并非是核裂变本身——一个重原子核分裂成几乎两等份的过程——促成了后续的核反应。事实上，裂变产生的两个核碎片带有重电荷（各约为铀核的一半电荷），使得它们无法接近其他原子核。因此，当它们的初始能量被邻近原子的电子层消耗殆尽后，这些碎片很快就会静止，不会再进一步裂变。

该裂变过程之所以对自发核反应如此重要，是因为每个裂变碎片在最终放慢速度之前会释放一个中子（图 73）。

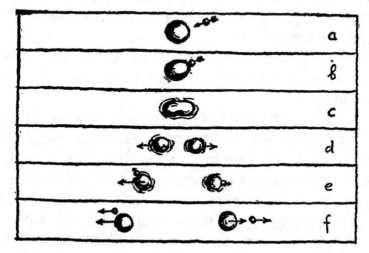

图 73 裂变过程的各个阶段

裂变之所以会产生这种特殊结果，是因为重原子核经裂变形成的两等份是在剧烈振动中诞生的，就像断成两截的弹簧一样。这种振动虽然不足以引起次级核裂变（每个碎片再分裂成两份），但是却足以导致某些原子核结构部件与本体分离。我们所说的每个碎片释放一个中子只是一种统计概括的说法——有时候，一个碎片会释放两个甚至三个中子，而有时候则一个都不释放。当然，从裂变碎片中释放的中子的平均数量取决于碎片的振动强度，而振动强度又取决于原始裂变过程中释放的总能量。我们之前提过，裂变中释放的能量与裂变原子核的重量成正比，也就是说，每个裂变碎片释放的中子量也一定会随着元素周期表攀升。因此，平均每个金核裂变（在实验中尚未实现，因为使金裂变需要极高的初始能量）碎片所能产生的中子量远远达不到一个；平均每个铀核裂变碎片能产生一个中子（每次裂变约能产生两个中子）；而在更重的元素（如钚）的裂变中，每个碎片平均能产生的中子数可能会大于一个。

很明显，如果要实现中子的持续增殖，必须保证出射中子量大于入射中子量，也就是说，100 个中子进入某物质，出来的次级中子必须要大于 100 个。这一条件能否达成取决于中子诱发某一种原子核发生裂变的相对有效性，以及每次裂变产生的新中子的平均数量。毕竟，中子虽然是比带电粒子更高效的核弹射物，但其诱发裂变的有效性也并非百分之百。也就是说，总是存在入射快中子只将一部分动能传递给原子核，却带着剩下的动能逃逸的可能性——在这种情况下，中子碰撞过几个原子核后就会将能量消耗殆尽，而它传递给原子核的能量却不足以引起裂变。

根据原子核结构的基本理论可以得出这样的结论：中子诱发裂变的效率与所讨论元素的原子量成正比，原子量越接近元素周期表末尾，效率越接近 100%。

我们现在可以针对有利于和不利于中子增殖的条件各举一个数值例子：（a）假设某种元素中快中子的裂变效率为 35%，且每次裂变能够产生的平均中子数量是 1.6[①]。也就是说，100 个初始中子会触发 35 次裂变，并产生 35×1.6=56 个次代中子。很明显，在这个例子中，中子的数量会随着时间迅速下降，每一代中子量只有上一代的一半左右。（b）假设本例中我们采用一种较重的元素，其中中子的裂变效率为 65%，每次裂变平均产生 2.2 个中子。这样一来，100 个初始中子会进行 65 次裂变，得到 65×2.2=143 个中子。每新产生一代中子，中子总数量就会增加约 50%，

① 这些数值完全是用来举例的，并不对应任何实际的原子核种类。

如此一来，只要很短的时间就能得到足够轰碎靶物质中所有原子核的中子。这就是我们研究的递进式分支链式反应（branching chain reaction），能够发生该反应的物质被称为可裂变物质（fissionable substance）。

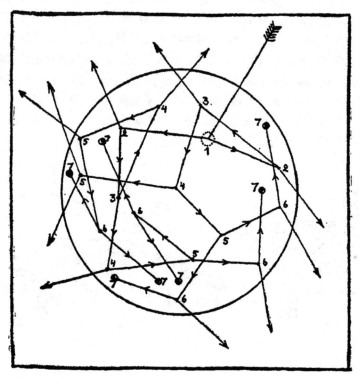

图74　一个杂散中子在一个球形可裂变材料上引起的支链式核反应。虽然许多中子在穿越表面的过程中丢失了，但连续几代中子的数量正在增加，并将导致爆炸

对递进式分支链式反应的必要条件的严谨实验及理论研究引出了以下结论：自然界中的各种核物质中，只有一种特殊的原子核可以发生这种反应——著名的轻同位素铀235的原子核，它是唯一的天然可裂变物质。

但是，自然界中并不存在纯的铀235，它常常被大量的不可裂变的铀元素的重同位素铀238稀释（0.7% 的铀235 和99.3% 的铀238），这就像潮湿的木头无法燃烧一样，使得天然铀元素无法发生递进式支链反应。事实上，也正是由于这种非活性同位素的稀释，铀235 的高度可裂变原子才得以继续存在于自然界中，否则早就被它们之间的快速支链反应摧毁了。那么，为了能够利用铀235的能量，我们必须把铀235的原子核从较重的铀238原子核中分离出来，或者设计出一种不需要剔除铀238就能中和其干扰作用的方法。这两种方法都被实际应用于原子能释放的问题研究中，并且都取得了成功。我们只简单地谈一下这两种方法，因为这类技术问题不属于本书的范围[1]。直接对这两种铀同位素进行分离是一个极其困难的技术问题，因为它们的化学性质相同，所以普通的工业化学方法无法实现这种分离。这两种原子之间唯一的区别在于它们的质量相差1.3%。这说明原子质量的主要作用是以扩散、离心或依靠磁场及电场为基础，使离子束偏转，这种分离方法可能有用。图75a、图75b是两种主要的分离方法的示意图，随后对每种方法进行了简短的描述。

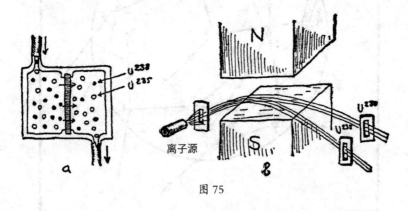

图 75

（a）用扩散法分离同位素。向左室中注入包含两种同位素的气体并通过中间的隔层扩散到右室。因为轻的分子扩散得更快，所以右室中的铀235浓度会逐渐增加。

（b）用磁场方法分离同位素。铀分子束穿过强磁场时，含有铀轻同位素的分子会偏转得更厉害。由于使用宽狭缝才能提供良好的分子束强度，两道分子束（铀235和铀238）会出现部分重叠，导致我们只能做到部分分离。

---

[1] 读者如果想了解更多的细节，可以参考塞利格·赫克特（Selig Hecht）的《解释原子》（*Explaining the Atom*）一书，该书于1947年由维京出版社首次出版。由尤金·拉宾诺维奇博士（Dr. Eugene Rabinowitch）修订及扩充的新版在 Explorer 上有平装本系列出售。

这些分离方法都有一个共同的缺点：由于两种铀同位素的质量相差太小，分离无法进一步完成，而是需要通过大量的重复步骤，使产物中轻同位素的浓度越来越高。不过，只要重复的次数足够多，最终就能得到纯净的铀 235 样品。

我们也可以直接在天然铀中进行支链反应，并巧妙地通过减速剂人为地弱化较重同位素的干扰作用。要理解这一方法，我们首先要明白较重的铀同位素的负面影响本质上源于它会吸收铀 235 在裂变中产生的大部分中子，从而降低递进式支链反应产生的可能性。因此，如果我们能想个办法阻止铀 238 原子核绑架中子，并保证中子能够顺利地撞击铀 235 的原子核，进而产生裂变，那么问题就迎刃而解了。乍一看，要阻止铀 238 原子核获得大部分中子似乎是不可能的，毕竟它的数量是铀 235 原子核的 140 倍。但是，两种铀同位素的"中子捕获能力"会随着中子运动速度的变化而变化，这点帮助我们解决了这个问题。两种同位素针对裂变原子核产生的快中子的捕获能力是相同的，因此每当铀 235 捕获 1 个快中子，铀 238 就会捕获 140 个快中子。铀 238 核捕获中速中子的能力还要比铀 235 更强一些。然而，重点来了，比起铀 238，铀 235 的原子核可以更好地捕获移动速度非常缓慢的中子。因此如果我们能在中子遇到第一个铀核（238 或 235）之前降低它们的初始速度，那么就算铀 235 原子核只占少数，也会比铀 238 更有机会捕获中子。

将大量小块的天然铀均匀散布在某种材料（减速剂）中，就完成了基本的减速措施。减速剂既能降低中子的速度，又不会捕获过多中子。减速剂的最佳材料是重水、碳和铍盐。图 76 解释了这种由分布在减速剂中的铀颗粒构成的"堆"是如何工作的。[1] 如上所述，轻同位素铀 235（仅占天然铀的 0.7%）是现存唯一能够实现递进式链式反应，从而释放大量核能的可裂变原子核。然而，这并不意味着我们不能人工制造出通常不存在于自然界中的、与铀 235 性质相同的其他种类原子核。事实上，通过使用某种可裂变元素的递进式支链反应所产生的大量中子，我们可以把通常不可裂变的原子核转化为可裂变的。

---

[1] 关于铀堆的详细讨论，请读者参阅专门讨论原子能的书籍。

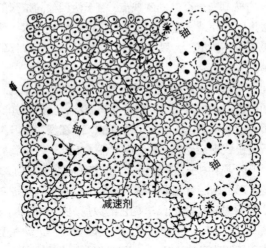

图 76　这张有点生物学性质的图片描绘了铀块（大原子）嵌入减速剂（小原子）中的景象。左边那个铀核裂变产生的 2 个中子进入减速剂，在与原子核的一系列碰撞中逐渐减速。当这些中子到达其他铀块时，它们的速度已经大大降低，并被铀 235 核捕获，因为铀 235 对慢中子的捕获效率要高于铀 238

将不可裂变原子核转化为可裂变原子核的首次尝试也发生在上述由天然铀和减速剂组成的反应"堆"中。我们已经了解到，使用减速剂可以降低铀 238 的中子捕获能力，使铀 235 能得到足够的中子并与之发生链式反应。但是，铀 238 依然会捕获一些中子。这会导致什么结果呢？

铀 238 俘获到中子的直接结果当然是形成更重的铀同位素 U239。然而，人们发现，这个新形成的原子核并不能长时间存在，它会接连发出两个电子，并形成一个原子序数为 94 的新化学元素原子核。这种新的人造元素被称为钚（Pu289），它比铀 235 更容易裂变。如果我们用另一种天然放射性元素钍（钍 232）替代铀 238，那么钍 232 捕获中子并发射两个电子后将会生成另一种人工可裂变元素铀 233。

因此，从天然可裂变元素铀 235 开始循环进行该反应，原则上是完全有可能将天然铀和钍的全部转化为可裂变产物的，这些产物可被用作核能的浓缩源。

时至这一节末尾，我们可以粗略估算出未来人类世界可用于和平发展或军事的总能源量。据估计，已知的铀矿中铀 235 的总量可以提供世界工业（完全转换为核能）几年需要的核能。但是，如果把铀238转化为钚，那么上述几年的时间就会延长到几百年。如果再加上储量为铀的4倍的钍，我们的估算时间至少可以延续到一两千年，足以让所有对"未来原子能短缺"的担心不复存在。

就算所有这些核能资源都被用光了，且没有发现新的铀矿和钍矿，子孙后代依然能从普通岩石中获得核能。事实上，所有物质都含有少量的铀和钍元素，以及其他各种化学元素。也就是说，每吨花岗岩含有4克铀和12克钍。乍一看似乎很少，但让我们做一下运算。已知1千克（原子弹中的）可裂变物质所蕴含的核能相当于引爆2万吨TNT或燃烧2万吨汽油所释放的能量。所以，如果将1吨花岗岩中的16克铀和钍转化为可裂变材料，就相当于320吨普通燃料。这足以抵消我们为分离这些铀和钍所付出的所有复杂代价——尤其是当我们发现储量丰富的矿石快要用完的时候。

物理学家在攻克了重元素（如铀）的核裂变释能后，又着手研究了名为核聚变的反向过程。在核聚变过程中，两个轻元素原子核熔合在一起，形成一个更重的原子核，并释放出巨大的能量。大家会在第十一章中看到，太阳就是通过这样一种聚变过程获得能量的，在这一过程中，普通氢原子核会在内部剧烈的热冲击作用下结合成较重的氦核。为了给人类复制这种所谓的热核反应，最佳的聚变材料是重氢，也就是氘（deuterium），普通水中存在少量的氘。氘的原子核被称为氘核（deuteron），包含一个质子和一个中子。当两个氘核碰撞时，会发生以下两种反应之一：

2个氘核→氦-3+中子；2个氘核→氢-3+质子

为了实现这种转变，氘必须经受1亿度的高温。

氢弹是人类成功制造的首个核聚变装置，这是通过引爆裂变原子弹，进而触发氘的巨变反应。但是，要想以安全为前提提供大量能源，就必须面对一个更复杂的问题——触发受控热核反应（controlled thermonuclear reaction）。限制超高温气体这一主要难题可以通过强磁场来克服，强磁场可以将氘核约束在中心高温区域，避免它接触容器壁，从而避免容器壁被融化蒸发。

第八章　无序法则

1. 热无序

如果你观察一杯水，只能看到清晰而均匀的液体，没有任何内部结构或运动的迹象（当然，前提是你不摇晃杯子）。但我们知道，水的均匀性只是表象，如果把水放大几百万倍，就会显示出明显的、由大量独立分子紧密聚集在一起而形成的粒状结构。

在同样的放大倍数下还可以明显地看出，水并不是静止的，它的分子处于剧烈的运动状态，它们四处游走、相互推挤，好像一群高度兴奋的人。水分子或其他物质分子的这种不规则运动会产生一定的热量，因此被称为"热运动"（heat motion 或 thermal motion）。虽然我们不能直接看到分子运动和分子本身，但分子运动产生的某种刺激却能被人体神经纤维感知到，我们称之为"热"。对于那些比人类更小的生物，比如水中的微小细菌，它们受到的热运动影响更加明显，躁动的水分子对这些可怜的生物不停地又踢又推，从四面八方把它们打得团团转，丝毫没有喘息的机会（图 77）。这种有些好笑的现象被称为"布朗运动"，以英国植物学家罗伯特·布朗的名字命名。一个多世纪前，布朗在一个关于微小植物孢子的研究中发现了这一现象，该现象具有很高的普适性，适用于悬浮在任何液体中的小颗粒，或悬浮在空气中的微小烟尘颗粒。

如果我们加热液体，液体里的微小颗粒就会跳得更加剧烈，如果液体逐渐冷却，颗粒的运动程度就会明显减弱。很明显，我们实际上是在观察物质隐藏的热运动产生的影响，通常我们所说的温度只不过是度量分子热运动程度的一种方式。通过研究布朗运动和温度之间的相互关系，人们发现在 -273 摄氏度或 -459 华氏度时，物质的热运动会完全停止，所有分子都会静止下来。这显然就是最低的温度了，该温度也因此被称为"绝对零度"（absolute zero）。如果说还有更低的温度，就会显得很荒谬，因为显然没有比绝对静止更慢的运动了！

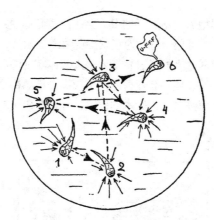

图 77 细菌被分子连续撞击而换了六个位置（从物理学角度看是正确的，但从细菌学角度看则不尽然）

在绝对零度附近，所有物质分子都几乎没有能量，以至于作用在它们身上的凝聚力会把它们粘合成一个块状固体，使它们只能在冻结状态下微微颤抖。如果温度上升，振动变得越来越强烈，那么在某个阶段，分子将获得一定的自由度，能够在彼此之间滑动。这时，冻结状态物质的硬度就会消失，变成流体。熔化过程发生的温度取决于作用在分子上的凝聚力的强度。在某些物质中，如氢或形成空气的氮氧混合物，它们的分子凝聚力非常弱，在相对较低的温度下热运动就会打破冻结状态。因此，氢只在14K以下（也就是 - 259 摄氏度以下）呈现出冻结状态，而固态氧和固态氮的熔点分别为 55K 和 64K（即 -218 摄氏度和 -209 摄氏度）。其他分子间凝聚力更高的物质在更高的温度下依然是固体：比如高纯度酒精在 -130 摄氏度以下都保持冻结状态，而冷冻水（冰）只会在 0 摄氏度以上融化。还有熔点更高的物质——铅的熔点是 327 摄氏度，铁的是 1535 摄氏度，稀有金属铱的熔点是 2700 摄氏度。当物质处于固态时，虽然分子被牢牢地束缚在原地，但它们依然会受到热运动的影响。事实上，根据热运动的基本定律，不管是在固体、液体还是气体中，所有分子在给定温度下所蕴含的能量都是相等的，区别只是在于这种能量的大小是足以将分子从它们的固定位置剥离并开始四处游走，还是只能像拴着狗链的小狗一样待在原地。

前面的章节中提到过，通过 X 射线照片可以很容易地观察到固体中分子的热运动或热振动。我们也了解到，在晶格中拍摄分子需要很长的时间，因此在曝光期间，分子不能离开其固定位置这点至关重要。但是分子在固定位置上不停地振动不利于拍摄，会让照片变得模糊。这种现象在插图 I 中的分子照片中可见一斑。为了获得更清晰的照片，必须尽可能地降低晶体的温度。有时，人们通过将晶体浸入液体实现降温。另一方面，如果给升温的晶体拍照，照片会变得越来越模糊，且晶格会在达到熔点时完全消失，因为分子离开了它们原本的位置，开始在熔化的物质中进行不规则运动。

图 78

　　固态物质熔化后，其分子仍然聚在一起，因为热运动虽然足以让它们从晶格中的固定位置中脱离，却不足以完全让分子们分离。然而，在更高的温度下，凝聚力无法再使分子们聚在一起，如果没有周围墙壁的限制，它们就会四散而去。当然，如果发生这种状况，物质就会变成气态。液体的沸点和固体的熔点一样，随着物质的不同而改变，凝聚力较弱的物质的沸点比凝聚力较强的物质的沸点更低。物质的沸点还在很大程度上取决于液体所处的压力，因为外界的压力能够增强凝聚力，将分子聚在一起。因此，就像众所周知的那样，盖得比较严实的水壶里的水沸腾的温度比敞开的水壶里的水更低。另一方面，在高山上，气压大大降低，水的沸点会低于 100 摄氏度。顺带一提，通过测量水的沸点，可以计算出气压并推算出所处位置的海拔。

但不要效仿马克·吐温的举动，有一次他把一个无液气压计放进一壶煮沸的豌豆汤中。这样非但得不到想要的证据，氧化铜还会破坏汤的风味。

物质的熔点越高，它的沸点就越高。因此，液氢的沸点是 -253 摄氏度，液氧和液氮分别是 -183 摄氏度和 -196 摄氏度，酒精是 78 摄氏度，铅是 1620 摄氏度，铁是 3000 摄氏度，而锇的沸点高达 5300 摄氏度。[1] 固体中的晶体结构一旦破裂，其中的分子会像一堆蠕虫一样在彼此附近蠕动，然后就会像一群惊弓之鸟一样散开。但惊弓之鸟还不足以形容热运动最极致的破坏力。如果温度继续攀升，分子本身就会受到威胁，因为分子间日益激增的碰撞会将它们分解成独立的原子。这种热离解（thermal dissociation）发生的温度取决于分子的相对强度。某些有机物质的分子在几百摄氏度的低温下就会分裂成独立原子或原子团。像水分子这样结构更坚固的分子则需要 1000 摄氏度的温度才会被破坏。但是，当温度上升到几千摄氏度时，所有分子都会消失，物质将变成纯化学元素组成的气态混合物。

温度高达 6000 摄氏度的太阳表面就是这样的情况。另一方面，人们已通过光谱分析法证实，在相对较冷的红巨星的大气层中[2]仍有一些分子存在。

高温下的剧烈热碰撞不仅能将分子分解成原子，还能通过削去原子外围的电子破坏原子本身。当温度上升到几万摄氏度或几十万摄氏度时，这种热电离（thermal ionization）就会变得越来越明显，最终在几百万摄氏度时完成。这种极度高温在我们的实验室里完全见不到，但在恒星内部，特别是太阳内部却很常见，在这种极度高温下，连原子都将不复存在。原子的所有电子层都会被完全剥离，物质会变成裸核和自由电子的混合物，它们在空间中疯狂地奔走，并以巨大的力量相互碰撞。但是，虽然原子成了一堆残骸，但物质依然保有和原子核完整时相同的基本化学性质，一旦温度下降，原子核会重新夺回它们的电子，并恢复完整性。

---

① 所有温度均指大气压下的温度。

② 见第十一章。

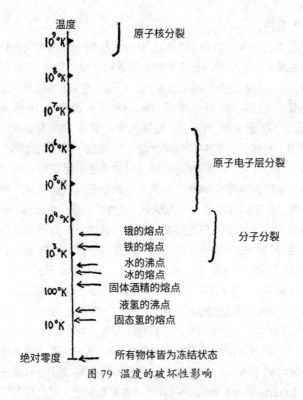

图 79 温度的破坏性影响

　　为了使物质完全热离解 —— 也就是让原子核本身分裂成独立的核子（质子和中子）—— 至少需要几十亿摄氏度的高温。即使在最热的恒星内部，我们也找不到这样的高温，虽然在几十亿年前，宇宙还很年轻的时候，这种高温很有可能是存在的。在本书的最后一章，我们会再次提到这个令人激动的话题。

　　综上所述，我们可以看出，热运动的作用是逐步摧毁基于量子定律建构的精密的物质结构，并将这座宏伟的建筑变成一大堆四处游走、彼此冲撞且不符合任何明显定律或规则的移动粒子。

2. 如何描绘无序运动呢？

　　如果因为热运动具有不规则性，认为它不能用物理方式描绘就大错特错了。事实上，正是因为热运动是完全不规则的，它可以随便遵从新的定律，即无序定律（Law of Disorder），也就是人们熟知的统计行为定律（Law of Statistical Behavior）。为了解释上述观点，让我们把注意力转向著名的"醉汉行走"问题。假设我们看到一个宽阔的城市广场中央的一根路灯旁靠着一个醉汉（没人知道他是怎么或什么时候到这来的），醉汉突然决定随便走几步，他开始朝某个方向走了几步，然后又朝另一个方向走了几步，如此往复循环，每走几步就以完全不可预测的方式改变他的行进路线（图80）。假设这个醉汉用他不规则的步伐走了100次后，他离灯柱会有多远呢？人们一开始可能会觉得，醉汉每次前进都是不可预测的，这个问题无解。但是，如果我们更用心地思考这个问题，就会发现，虽然我们无法断言醉汉最终将位于什么位置，但我们却可以给出他在多次前进后与灯杆最可能的距离。为了用数学方法解决这个问题，让我们在路面上画出以路灯为原点的两条坐标轴，X轴指向我们，Y轴指向右边，设R为醉汉用他魔鬼的步伐行进N次（图80中有14次）后抵达的位置到路灯柱的距离。如果将X_N和Y_N设为N次行进的路线在X轴和Y轴上的投影，那么通过毕达哥拉斯定理很容易得出：

$$R^2 = (X_1 + X_2 + X_3 + \cdots\cdots + X_N)^2 + (Y_1 + Y_2 + Y_3 + \cdots\cdots + Y_N)^2$$

其中X值和Y值的正负取决于醉汉每一次是朝向原点行进还是背离原点行进。注意，因为他的运动是完全无序的，所以X和Y的正值和负值的数量差不多。根据代数的基本规则，在计算括号里的项的平方时，我们必须把括号里的每一项乘以它自身和剩余的每一项。

图 80 醉汉行走

因此：

$(X_1+X_2+X_3+\cdots\cdots+X_N)^2$

$=(X_1+X_2+X_3+\cdots\cdots+X_N)(X_1+X_2+X_3+\cdots\cdots+X_N)$

$=X_1^2+X_1X_2+X_1X_3+\cdots\cdots+X_2^2+X_1X_2+\cdots\cdots+X_N^2$

这段冗长的总和中将包含所有 X 的平方项（X_1^2，$X_2^2\cdots\cdots X_N^2$），以及所谓的"混合乘积"，如 X_1X_2、X_2X_3 等。

到目前为止都是简单的算术，现在，基于醉汉走路的无序性得出的统计结果要登场了。因为醉汉完全是随机移动的，向路灯移动的概率和背离路灯移动的概率一样，所以 X 的值是正是负各有 50% 的概率。如此一来，你会发现"混合乘积"的结果数值相同但符号相反，因此能够相互抵消，而且醉汉行进的次数越多，这种相互抵消就越有可能发生。最后剩下的只有 X 的平方项，因为平方总是正的。所以，整个总和可以写成 $X_1^2+X_2^2+\cdots\cdots X_N^2=NX^2$，其中 X 是醉汉每次行进距离在 X 轴上的投影长度的平均值。

同理，公式中第二个括号内的 Y 的值可以简化为 NY^2，其中 Y 是醉汉每次行进距离在 Y 轴上的投影的平均值。这里必须再次强调，我们刚才所做的并不是严格意义上的代数运算，而是由于行进路线的随机性导致"混合乘积"相互抵消的统计论证。现在，我们可以看出醉汉到灯的最可能的距离是：

$$R^2=N(X^2+Y^2)$$

或

$$R=\sqrt{N}\times\sqrt{X^2+Y^2}$$

但是，R 在两条坐标轴上的投影的角度都是 45 度，所以 $\sqrt{X^2+Y^2}$ 正好等于每次行进的距离的平均值（也是因为毕达哥拉斯定理）。将这个平均值设为 1，我们得出：

$$R=1\times\sqrt{N}$$

简单地说，我们的结果表示：这位醉汉以不规则方式行进多次之后，他和路灯之间最可能的距离等于他每次行进距离的平均值乘以他的行进次数的平方根。

也就是说，如果这个醉汉每次行进的距离为 1 码（方向不可预测！），那么在行进了 100 码之后，他最有可能处于离路灯只有 10 码的地方。如果他没有这样拐来拐去，而是笔直地走，他已经走出 100 码远了——这说明走路时清醒点绝对是有好处的。

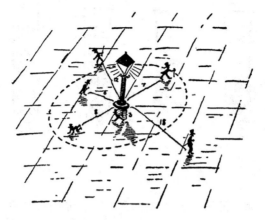

图 81　6 名醉汉在路灯柱周围行走的统计分布图

　　我们之所以能总结出上述例子中的统计性质，是因为我们研究的只是最可能距离，而不是每个单独情况下的确切距离。虽然可能性极低，但个别醉汉可能会出现完全不拐弯、笔直背离路灯前进的情况。也有可能，他每次转弯都转了 180 度，以至于每两次转弯之后他就会回到路灯。但如果很多醉汉都从同一个路灯出发，以各不相同的行进方式互不干扰地行动，经过足够长的时间后你就会发现，他们分布在距离路灯一定距离的某一范围内，而他们距离路灯的平均距离恰好遵循上述计算规则。这种由不规则运动引起的分布示例如图 81 所示。图中有 6 个行走的醉汉。不用说，醉汉数量越多，无序行进中拐的弯越多，该计算规则就越准确。

　　现在，如果把醉汉换成某些显微镜下的物质——比如植物孢子或悬浮在液体中的细菌——你就会看到植物学家布朗在他的显微镜下看到的景象。孢子和细菌虽然没有喝醉，但正如我们之前提过的，它们会被周围受到热运动影响的分子不停地踹向四面八方，被迫遵循不规则运动轨迹，就像受酒精影响而完全失去方向感的人一样。

　　如果要用显微镜观察悬浮在一滴水中的大量小颗粒的布朗运动，你需要注意聚集在某一小片特定区域内（靠近路灯）的一组小颗粒。随着时间的推移，这些小颗粒逐渐分散在整个视野中，而它们和原点之间的平均距离与时间间隔的平方根成正比，该时间间隔就是我们计算醉汉行走距离的数学定律时所需要的 N。

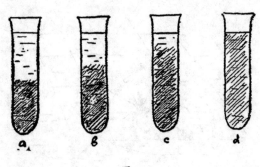

图 82

　　显然，水滴中的每个分子也遵循同样的运动定律，但是分子无法用肉眼看到，即使看到了，你也无法区分它们。为了观察这种运动，必须使用两种不同种类的分子，并且需要用诸如不同的颜色等手段来区分它们。比如，我们可以在化学试管中加入一半呈漂亮紫色的高锰酸钾水溶液，再在上面小心地倒入一些清水，避免将两层液体混在一起，这时我们会看到颜色开始逐渐渗透到清水中。如果你等的时间足够长，你就会看到整个试管中的水都变成了同一个颜色。这就是扩散（diffusion）现象，是由于染料分子在水分子之间的不规则热运动引起的。每个高锰酸钾分子都相当于一个被周围分子不断撞击的小醉汉。由于水中的分子排列相当紧密（与气体中的分子排列相比），每个分子在两次撞击之间能够自由前进的路程十分有限，大概只有一亿分之一英寸。而且，因为分子在室温下的运动速度是每秒 528 英里，所以一个分子受到的两次撞击之间的时间间隔只有亿万分之一秒。因此每个染料分子都将在一秒钟内受到大约亿万次连续撞击，以至于运动方向也将改变亿万次。也就是说，每个染料分子在第一秒走过的平均距离就等于一亿分之一英寸（自由前进的路程长度）乘以 1 万亿的平方根。如此得出的平均扩散速度只有每秒百分之一英寸——实在是个很缓慢的过程，要是没有这些分子间的撞击，染料分子已经在十分之一英里之外了！如果等待 100 秒，染料分子运动的平均距离将增加 10 倍（$\sqrt{100}=10$），1 万秒后，也就是大约 3 小时后，扩散运动将把颜色带到 100 倍平均距离的地方（$\sqrt{10000}=100$），也就是大约 1 英寸。没错，扩散就是这样一个相当缓慢的过程。所以，如果你要往茶杯里加糖，最好搅拌一下，别等着糖分子自己运动。

　　扩散是分子物理中最重要的过程之一，我们再举一个例子：一端放在壁炉中的铁制拨火棍的热传播方式。虽然根据经验，你知道拨火棍的另一端需要很长时间才会变得烫手，但你可能并不知道热量是通过电子扩散过程沿着拨火棍传播的。没错，铁制拨火棍的内部充满了电子，其他任何金属都是如此。金属和其他如玻璃之类的材料之间的区别在于，前者原子会失去其外层电子，这些电子会像普通气体中的粒子那样在整个金属晶格中做不规则热运动。

金属表面的张力会阻止这些电子逃逸[1]，但它们在物质内部运动时几乎完全呈现自由状态。如果对金属丝施加电力，自由电子将一股脑儿朝着产生电流现象的电力方向冲过去。相反，非金属通常都是良好的绝缘体，因为它们所有的电子都受到原子核的束缚，无法自由移动。

如果金属棒的一端被置于火中，这部分金属中自由电子的热运动将大幅加剧，快速移动的电子就会带着额外的热量开始向其他区域扩散。这个过程与染料分子在水中的扩散过程十分相似，只是将扩散现象中的两种不同粒子（水分子和染料分子）换成了热电子气体和冷电子气体。这种情况同样适用于醉汉行走定律，热量沿金属棒传播的距离与相应次数的平方根成正比。

扩散运动的最后一个例子和上述其他例子的重要性完全不是一个量级。我们将在后面几章了解到，太阳的能量来自其内部的化学元素之间的炼金术反应。这种能量的外放形式为强烈的辐射和"光粒子"（也就是光子），它们从太阳中心启程，经过漫长的旅程后抵达太阳表面。由于光速是每秒 30 万公里，而太阳的半径只有 70 万公里，如果一个光子笔直地前进，只需要 2 秒多一点的时间就能离开太阳。然而，实际情况并非如此。光子在离开太阳的过程中会与太阳物质中的原子和电子发生无数次碰撞。每个光子在太阳物质中的自由行进路程约为 1 厘米（比分子的自由行进路程长多了！），那么，由于太阳的半径是 700 亿厘米，所以光子必须像醉汉那样无规则地行进 $(7 \times 10^{10})^2$ 次，也就是将近 5×10^{21} 次，才能到达太阳表面。

因为每行进一次需要 $1/(3 \times 10^{10})$ 秒，也就是 3×10^{-11} 秒，所以光子从太阳中心到太阳表面的整个旅程将耗时 $3 \times 10^{-11} \times 5 \times 10^{21} = 1.5 \times 10^{11}$ 秒，也就是大约 5000 年！这不禁让人再度感叹扩散过程可真慢啊。虽然光从太

---

[1] 如果把金属丝置于高温中，其内部电子的热运动会变得更加剧烈，其中一些电子会挣脱表面张力跑出来。无线电爱好者都很熟悉这种用在电子管中的现象。

阳中心到太阳表面需要花费 50 个世纪的时间，但是当它进入空旷的星际空间，沿着直线传播时，只需要 8 分钟就能从太阳抵达地球。

3. 计算概率

这种扩散现象只是统计概率定律在分子运动问题上的一种简单应用。在我们继续深入讨论概率之前，首先要了解如何计算不同的简单或复杂事件的概率，这也是为了给理解最重要的熵定律（Law of Entropy）打基础，熵定律支配着大到恒星宇宙，小到一滴液滴中的所有物质实体在热力下的行为。

概率计算中最简单的问题莫过于抛硬币了。众所周知，只抛一枚硬币（不作弊）的话，得到正面或反面的概率是相等的。人们常说正面或反面的概率是各五成，但在数学中更常用的说法是一半一半。如果把得到正面和反面的概率相加就会得到 $\frac{1}{2}+\frac{1}{2}=1$。整数 1 在概率论中代表确定性——只要硬币不消失，那么你得到的一定不是正面就是反面。

图 83　抛两枚硬币可能得到的四种组合

现在，假设你将 1 枚硬币连续抛掷了两次，或者同时抛 2 枚硬币，你将得到图 83 中所示的四种不同可能性。

第一种情况中，你得到了两次正面，最后一种情况中得到了两次反面，而中间的两种情况得到的结果是一样的，因为正面或反面出现的顺序对你来说并不重要。因此，两次都得到正面的概率和两次都得到反面的概率都

是 $\frac{1}{4}$ ，而正反面各一次的概率是 $\frac{1}{2}$ 。那么，$\frac{1}{4}+\frac{1}{4}+\frac{1}{2}=1$ ，也就是说你一定会得到这 3 种组合的其中一种。现在，让我们看看如果将一枚硬币连续抛 3 次会发生什么。下表总结了全部 8 种可能性：

第一次抛	正	正	正	正	反	反	反	反
第二次抛	正	正	反	反	正	正	反	反
第三次抛	正	反	正	反	正	反	正	反
	I	II	II	III	II	III	III	IV

查看上表就会发现，三次都是正面的概率是八分之一，三次都是反面的概率也是一样的。剩下的概率由两次正面和一次反面，以及一次正面和两次反面的情况平分，每个情况出现的概率是八分之三。

这份可能性组合的表格扩展得相当快，但让我们更进一步，将硬币抛掷 4 次。现在我们会得到 16 种可能性：

第一次抛	正	正	正	正	正	正	正	正	反	反	反	反	反	反	反	反
第二次抛	正	正	正	正	反	反	反	反	正	正	正	正	反	反	反	反
第三次抛	正	正	反	反	正	正	反	反	正	正	反	反	正	正	反	反
第四次抛	正	反	正	反	正	反	正	反	正	反	正	反	正	反	正	反
	I	II	II	III	II	III	III	IV	II	III	III	IV	III	IV	IV	V

如表格所示，四次都是正面的概率是 $\frac{1}{16}$，与四次都是反面的概率相等。正面 3 次、反面 1 次或反面 3 次、正面 1 次的混合情况的概率各为 $\frac{4}{16}$，也就是各 $\frac{1}{4}$，而正面和反面各两次的概率是 $\frac{6}{16}$，也就是 $\frac{3}{8}$。

如果你按照类似的方式继续抛很多次，表格很快就会长到写都写不下。比如，如果你抛 10 次，就会得到 1024 种不同的可能性（也就是 $2\times2\times2\times2\times2\times2\times2\times2\times2\times2$）。但是，完全没必要写出这么长的表格，因为从我们刚才列举的几个简单示例中，概率论的简单定律已经可见一斑，直接应用于更复杂的情况中就可以了。

首先，你会注意到两次得到正面的概率等于第一次和第二次分别得到正面的概率的乘积，也就是 $\frac{1}{4}=\frac{1}{2}\times\frac{1}{2}$。同理，连续三到四次得到正面的概率是每次抛中得到正面的概率的乘积 $\frac{1}{8}=\frac{1}{2}\times\frac{1}{2}\times\frac{1}{2}$；$\frac{1}{16}=\frac{1}{2}\times\frac{1}{2}\times\frac{1}{2}\times\frac{1}{2}$。也就是说，如果有人问你抛 10 次，每次都得到正面的概率是多少，你就可以通过 $\left(\frac{1}{2}\right)^{10}$ 得到答案 0.00098，确实是个相当低的概率——大约是千分之一！这就是"概率乘法"的规则：如果你想要几样不同的东西，那么你得到它们的数学概率等于得到它们中的每一样的单独概率的乘积。如果你想要很多样东西，而每一样东西都不是特别容易得到的话，那你同时得到它们的可能性会低得令人沮丧。

另一条规则叫作"概率加法"：如果你只想要几样东西中的一样（无论哪一样），那么你得到这样东西的数学概率将等于你得到清单上每一样东西的单独概率之和。

用抛两次硬币得到一正一反的例子就能很清楚地说明这个规则。你想要的是要么"第一次是正面，第二次是反面"，要么"第一次是反面，第二次是正面"，这两个组合的概率各为 $\frac{1}{4}$，因此得到这两种组合其中之一的概率为 $\frac{1}{4}+\frac{1}{4}=\frac{1}{2}$。也就是说，如果你想要"这个或那个，又或者第三个"，你就要将每个东西单独概率相乘，但是，如果你想要"那个或那个，或那个"，那么要做的就是加法了。

如果是第一种情况，你得到你想要的全部物品的概率会随着物品数量的增加而减少。如果是第二种情况，你只需要几样物品中的一样，那么你如愿以偿的概率会随着可选项的增加而增加。

概率定律的精确性随着实验数据的大量增加而大幅提升，抛硬币的实验正是说明这一点的绝佳例子。图 84 中展示了抛硬币 2 次、3 次、4 次、10 次和 100 次时，出现正反面的概率的不同。不难看出，随着抛掷次数的增加，概率曲线变得越来越尖，且正反面出现概率五五开的占比的最大值也越来越高。

比如，在抛掷 2 次、3 次甚至 4 次时，每次抛掷都出现正面或反面的概率还挺大的，但想要在 10 次中得到 9 次正面或反面都几乎是不可能的。如果抛掷次数更大，比如 100 或 1000 次，概率曲线就会变得像针一样尖，稍微偏离 50% 的概率都极少出现。

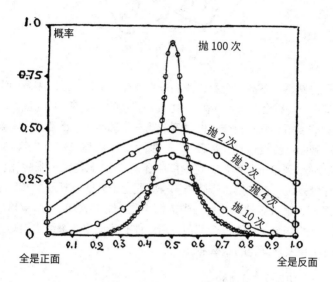

图 84 反面和正面的相对数量

现在，让我们利用刚刚学过的简单概率演算规则，来算算著名扑克游戏中 5 张牌面的各种组合的相对概率。

如果你不知道规则：游戏中，每个玩家持有 5 张牌，谁的牌面组合得分最高，谁就是赢家。这里，我们不考虑一些额外的复杂情况，比如交换一部分牌，获得更好的牌面，或者通过虚张声势让对手相信你的牌更好而被迫弃牌的心理策略。其实这种虚张声势才是该游戏的核心，著名的丹麦物理学家尼尔斯·玻尔（Niels Bohr）曾针对该游戏提出过一种完全不使用手牌的玩法，玩家所有的牌面组合都是假想出来的，彼此之间完全靠虚张声势来喊牌，但是，这些就完全和概率演算没有关系了，而是属于纯粹的心理学游戏。

图 85 （黑桃）同花

为了先熟悉一下概率运算，我们先来计算一下扑克游戏中牌面组合的概率。其中一种组合叫作"同花"，由同一花色的 5 张牌组成（图 85）。

如果想要得到同花组合，你得到的第一张牌面并不重要，只需要计算其他四张牌面花色相同的概率即可。一副牌共有 52 张，每个花色 13 张[①]，因此，在你拿到第一张牌后，这套牌中还剩下 12 张与第一张牌花色一致的牌。也就是说，你的第二张牌与第一张花色一致的概率是 12/51。同理，第三、第四、第五张牌均花色一致的概率是：11/50、10/49 和 9/48。因为你想要这 5 张牌全部是同一个花色，所以你必须使用概率乘法规则。如此一来，你就会发现同花的概率是：

$$\frac{12}{51} \times \frac{11}{50} \times \frac{10}{49} \times \frac{9}{48} = \frac{11880}{5997600}$$

也就是大约 1/500。

但是，不要觉得只要发 500 次牌，你就一定能拿到一把同花。你可能一把也拿不到，也可能会拿到两把同花。这只是概率演算，你可能在发 500 多次牌后也没有得到想要的组合，也可能恰恰相反，开局就拿到了一把同花。概率论只能告诉你，可能发 500 次牌你只能拿到一把同花顺。用同样的算法你还可以算出，每 3000 万把游戏中，你可能会拿到 10 把五张牌都是 A（其中包括一张小丑牌）的牌面。

---

① 在这个例子中我们省略了"小丑牌"，小丑牌没有花色，可以根据玩家意愿代替任意一张牌，它的出现会增加例子的复杂性。

图 86 满堂红

扑克游戏中还有一种组合比同花更罕见，因此分值更高，这就是所谓的"满堂红"（full hand 或 full house）。满堂红由一个"对子"和"三条"组成（也就是花色不同但点数相同的两张牌和花色不同但点数相同的三张牌，比如图 86 中所示的 2 张 5 和 3 张 Q）。

要想得到一把满堂红，最先获得的 2 张牌的牌面不重要，但后续获得的 3 张牌中，必须有 2 张与先获得的 2 张牌中的一张点数一致，剩下的一张必须与先获得的 2 张牌中的另一张点数一致。因为一副牌中总共有 6 张牌与你已获得的 2 张点数一致（如果你有一张 Q 和一张 5，那么这副牌中还剩 3 张 Q 和 3 张 5），所以第三张牌点数一致的概率是 6/50。现在，剩下的 49 张牌中只有 5 张点数一致的牌了，所以第四张牌点数一致的概率是 5/49，同理，第五张牌点数一致的概率是 4/48。因此，满堂彩的总概率是：

$$\frac{6}{50} \times \frac{5}{49} \times \frac{4}{48} = \frac{120}{117600}$$

也就是同花概率的一半。

按照类似的方法，其他诸如"顺子"（五张牌连张）等组合的概率就不难算出了，小丑牌和换牌玩法对概率产生的影响也是可以计算的。

做完上述运算你会发现，扑克游戏中使用的分值排序和数学概率顺序如出一辙。笔者不知道这游戏的规则是过去的某些数学家发明的，还是纯粹来自世界各地数百万玩家在赌博沙龙和小型地下赌场得出的经验。如果是后者，那不得不说，这可真是一场叹为观止的对复杂事件相对概率的统计研究！

概率计算中还有一个答案出乎意料的有趣例子，即"同月同日生"问题。试着回忆一下你曾经是否在同一天被邀请参加两个不同的生日派对。你可能会说：这种事情的概率非常低，因为我大概只会接到 24 个朋友的邀请，而他们的生日却有可能是一年中的任意一天。既然有这么多的日期可供选择，那么这 24 个朋友中任意 2 个会在同一天切生日蛋糕的可能性就很小了。

虽然听起来难以置信，但你的想法是完全错误的。事实是，在一个 24 人组成的公司中，很有可能存在一对甚至几对同月同日生的人。而且，有同月同日生的人的可能性比没有的可能性更大。

列一份大约 24 人的生日名单，或者直接翻开任意一页《美国名人录》这类的书，连续比较 24 个人物的生日，你就可以证实上述说法。用我们在抛硬币和扑克游戏中已经驾轻就熟的简单概率演算规则也能证实。

让我们先试着计算一下 24 人的公司里每个人的生日都不同的概率。先问第一个人，他的出生日期是什么时候，答案当然是一年 365 天中的任意一天。那么，第二个人的生日和第一个人的不同的概率是多少呢？因为这个（第二个）人可能出生于一年中的任意一天，所以他的生日与第一个人一致的概率是 1/365，即有 364/365 的概率与第一个人的生日不同。同理，第三个人的生日与第一和第二个人都不同的概率是 363/365，因为前两个人占据了一年中的两天。接下来，我们询问的人的生日和之前已经被询问过的人不同的概率是：362/365、361/365、360/365 等等，直到最后一个人，他的生日不同于其他人概率是 $\frac{365-23}{365}$，也就是 $\frac{342}{365}$。

因为我们想知道的是有同月同日生的人的概率是多少，所以必须将上述所有分数相乘，从而得出所有人都不是同月同日生的概率：

$$\frac{364}{365} \times \frac{363}{365} \times \frac{362}{365} \times \cdots\cdots \times \frac{342}{365}$$

只要用一些高等数学的方法，几分钟内就能算出这个乘积，但如果你不知道这些方法，直接相乘[①]也花不了那么多时间。结果是 0.46，说明没有同月同日生的概率略小于 1/2。换句话说，你的 24 个朋友中没人是同月同日生的概率只有 46%，而有人是同月同日生的概率则是 54%。所以，要是你的朋友数量大于等于 25 个，但你却从来没收到过同月同日的生日邀请的话，那很可能你的大多数朋友都不办生日聚会，或者他们并没邀请你！

同月同日生问题很好地说明了用常识去判断复杂事件的概率很可能得出完全错误的答案。笔者曾向许多人提出过同月同日生问题，其中包括许多杰出的科学家，他们都赌此类巧合不会发生的概率更大，赌注从一赔二

---

① 可以的话，还是用对数表或计算尺吧！

到一赔十五不等，只有一个人持相反意见[1]。如果笔者接受了所有这些赌注，那已然是个富豪了！

此处我们又要不厌其烦地重申：如果根据上述规则计算不同事件的概率，并从中挑选最有可能发生的事件，我们依然无法确定这件事一定会发生。除非我们测试的事件数量能够达到数千、数百万甚至数十亿，否则预测结果只是"可能结果"，而不是"确定结果"。在测试样本相对较少的情况中，概率定律的这种不充分性限制了它在测试样本相对较少的情况中的应用，比如密码破译。让我们来研究一下埃德加·爱伦·坡（Edgar Allan Poe）的著名小说《金甲虫》（the Gold Bug）中提到的那个耳熟能详的案例。爱伦·坡在小说中提到，勒格朗先生在南卡罗来纳州一个无人海滩上散步时，捡到了一张半埋在潮湿沙子里的羊皮纸。勒格朗先生回到海滩小屋后，羊皮纸在熊熊燃烧的炉火旁显出了一些用墨水写的神秘符号，这种墨水在冷的时候是隐形的，但遇热就会变红，很容易辨认。羊皮纸上有一个头骨的图样，表明这份东西是某个海盗写的，而山羊头标记则无疑证明了这个海盗不是别人，正是大名鼎鼎的基德船长，纸上还有几行印刷符号，显然是隐藏宝藏的指示线索（见图 87）。

根据埃德加·爱伦·坡的权威认证，17 世纪的海盗们不仅熟悉诸如分号和引号等印刷符号，还认识很多其他的符号。

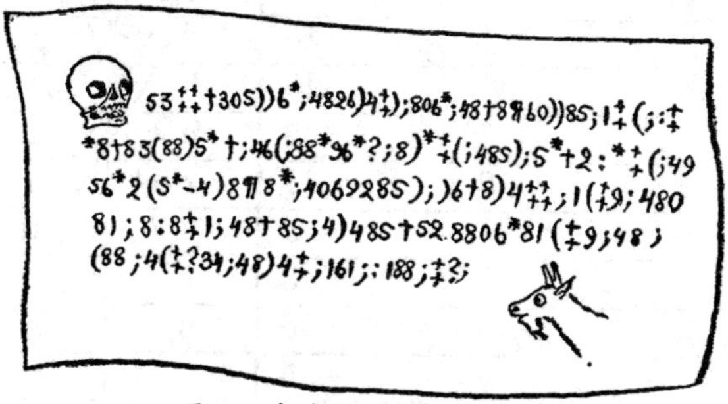

图 87 基德船长的秘密信息

由于缺钱，勒格朗先生开始绞尽脑汁破译这些神秘的密码，并最终通过英语中不同字母出现的相对频率成功破译。不管是莎士比亚的十四行诗，还是埃德加·华莱士（Edgar Wallace）的推理故事，你可以随便找一份英

---

[1] 这个例外当然就是匈牙利数学家啦（见本书第一章开篇）。

语文本并计算其中各个字母的出现频率，然后你就会发现，出现最频繁的字母是"e"。在"e"之后，字母的出现频率从高到低的排序如下所示，勒格朗先生的推理方法正是以此为基础：

a,o,i,d,h,n,r,s,t,u,y,c,f,g,l,m,w,b,k,p,q,x,z

　　勒格朗先生计算了基德船长密码中不同符号的出现次数后，发现这条信息中出现频率最高符号是数字 8。"啊哈，"他说，"这意味着 8 代表的很可能是字母 e。"

　　好吧，在这个故事中，8 确实代表 e。但实际情况是，8 只是很可能代表 e，并不能说 8 一定就是 e。事实上，如果这条秘密信息的内容是"在鸟岛北端一间旧小屋朝南 2000 码外的树林里，你会发现一个装满金币的铁箱"，那通篇连一个"e"都没有。不过概率论确实对勒格朗青睐有加，他的猜测是正确的。

　　取得了第一步成功后，勒格朗信心爆棚，开始用同样的方式继续按照字母出现的频率把它们挑拣出来。下表中给出了基德船长信息中出现的符号，并将它们按照使用频率排了序：

符号"8"出现了33次		e ← → e
;	26	a　　t
4	19	o　　h
‡	16	i　　o
(	16	d　　r
*	13	h　　n
5	12	n　　a
6	11	r　　i
†	8	s　　d
1	8	t
0	6	u
g	5	y
2	5	c
i	4	
3	4	g ← → g
?	3	l　　u
¶	2	m
-	1	w
.	1	b

右边第一栏是按照出现频率排列的英文字母。因此，假设左边宽栏中列出的符号和最右边窄栏中的字母相互对应似乎合情合理。但用这种方法得出的基德船长信息的开头是：ngiisgunddrhaoecr……

完全不知所云！

为什么？是不是这老海盗过于狡猾，在信息里用的都是不遵循普通英语字母出现频率的特殊单词？当然不是，只是信息的文本不够长，无法进行良好的统计抽样，也没有体现出最可能的字母分布情况。如果基德船长把他的宝藏藏得非常隐蔽，以至于秘密信息写了好几页，或者干脆写了一整本书，那么勒格朗先生用英语字母使用频率解谜的成功率就会高很多了。

拿抛硬币来说，如果你抛 100 次，那么正面朝上的次数很可能约等于 50 次，但如果你只抛了 4 次，结果可能是 3 次正面和 1 次反面，或者 3 次反面和 1 次正面。如果要证实某条规则，那么试验次数越多，得到的相关概率定律就越精准。

由于密码中字母数量不足，简单的统计分析方法失败了，勒格朗先生只得基于英语中不同单词的详细结构进行分析。首先他再次确信了 8 代表 e 的假设，因为他注意到 88 这个组合在这条相对短小的信息中经常出现（5 次）——众所周知，英语单词中字母 e 经常成对出现。而且，如果 8 真的代表 e，那么它应该会经常出现在单词"the"中。检查了密码文本后，我们发现，在这短短几行中"；48"这个组合出现了七次。那么如果 8 真的是 e，我们就一定会得出这样的结论：分号代表 t，4 代表 h。

关于破译的后续步骤请读者参阅爱伦·坡的原著故事，故事中最终破译出的完整文本是："主教旅馆中的恶魔之座上有一面极好的镜子。北偏东 41 度 13 分。主干东侧第七个枝丫。从骷髅头的左眼开一枪。从树下出发，沿着子弹的轨迹向外走 50 英尺。"

勒格朗先生最终破译出的不同字符的正确含义如表格中间一列所示，它们并不完全像概率定律的预期分布那么合情合理。当然，这是因为文本太短，所以概率定律无法完全发挥作用。但即使在这个很小的"统计样本"中，我们也能注意到字母的排列顺序趋于概率论规律，如果信息中的字母数量足够大，这种趋势几乎会成为一种必然。

似乎只有一个例子（保险公司还没倒闭这件事儿除外）中基于概率论的各种预测通过大量试验得到了确切的证实。这就是著名的美国国旗和一盒火柴的问题。

为了解决这个特殊的概率问题，你需要一面美国国旗，确切地说，是国旗上由红白条纹组成的那部分。如果找不到美国国旗，拿一大张纸并在上面画一些等距平行线也可以。接着，你需要一盒火柴——任何种类的火柴都行，只要它们的长度比条纹的宽度短。然后，你需要一个"希腊派"，不是吃的那种派，而是一个对应英语字母"p"的希腊字母。它长这个样子：π。它不仅是一个希腊字母，还被用来表示圆的周长与直径之比。你可能认识它的数值：3.1415926535……（后面还有很多位，但我们不需要。）

现在把美国国旗铺在桌子上，向空中抛一根火柴，观察它落在国旗上的状态（图 88）。它有可能完全落在某条条纹之中，也可能落在两条条纹之间的边界线上。那么，这两种情况每一个发生的概率是多少呢？

图 88

根据推算概率的步骤，我们必须先数出上述两种可能性对应的具体情况的数量。

但是，如果一根火柴落在国旗上的方式有无数种可能性，你该怎么数得过来呢？

让我们更仔细地研究一下这个问题。火柴落在条纹上的具体位置可以通过火柴中心到离它最近的边界线的距离以及火柴与条纹按照图 89 中所示方向形成的角度来表示。图 89 中给出了三个火柴掉落的典型例子，为了简单起见，假设火柴的长度等于条纹的宽度，本例中为 2 英寸。如果火柴的中心相当接近边界线，并且角度相当大（如情况 a），则火柴会与边界线相交。相反，如果角度很小（如情况 b）或距离很远（如情况 c），则火柴会完全落在某条条纹内部。更确切地说，如果火柴一半长度的竖直投影长度大于条纹宽度的一半（如情况 a），火柴就会与交界线相交，反之则不会相交（如情况 b）。图 89 下方的示意图解释了上述说法。横轴（横坐标）用半径为 1 的圆对应的弧度表示火柴落下的角度。纵轴（纵坐标）表示火柴一半长度的竖直投影长度——在三角函数中，该长度被称为指定弧度所对应的正弦（sine）。很明显，当弧度为 0 时，正弦也为 0，因为在这种情况下，火柴处于水平位置。弧长等于 $\pi/2$ 时对应直角 [1]，正弦等于 1，因为火柴处于竖直位置，所以其投影与条纹宽度重合。著名的数学波形正弦曲线描述了所有弧度对应的正弦值。（图 89 中 0 到 $\pi/2$ 之间所显示的只是完整波形的 1/4）

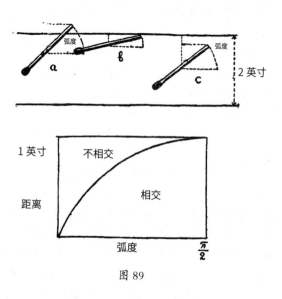

图 89

有了这个波形图，就可以轻松估算下落的火柴和边界线相交的概率。也就是说，正如我们刚才看到的（再看看图 89 上半部分中的三个例子），如果火柴中心到条纹边界线的距离小于其竖直投影长度，也就是小于弧的正弦，火柴就会和边界线相交。在这种情况下，这段距离和这段弧在我们的波形图中对应正弦曲线下方的某个点。相反，如果火柴完全落在条纹边界内，则对应正弦曲线上方的某个点。

因此，根据我们计算概率的规则，相交的概率和不相交的概率之比等

[1] 半径为 1 的圆的周长等于 π 乘以它的直径，也就是 2π。因此，圆的一个象限内对应的长度是 $2\pi/4$ 或 $\pi/2$。

于曲线下方面积与曲线上方面积之比。或者说，相交或不相交这两个事件的概率等于它们对应的两个区域的面积除以矩形的总面积。通过数学方法可以证明（对比第二章），上面波形图中正弦曲线所在区域的面积正好等于1。因为矩形的总面积等于 $\frac{\pi}{2} \times 1 = \frac{\pi}{2}$，所以火柴（火柴长度与条纹宽度相等）与边界线相交的概率为：$\frac{1}{\pi/2} \times 1 = \frac{2}{\pi}$。有趣的是，$\pi$ 出现在这里十分出乎意料，这一公式是由 18 世纪的科学家布封伯爵（Count Buffon）首次发现的，所以条纹火柴问题是以他的名字命名的。

意大利数学家拉泽里尼（Lazzerini）曾经尝试做过这个实验，他抛了 3408 次火柴，观察到其中 2169 次火柴与边界线相交。用布封公式核对该实验记录的数据，算出 π 的位置所对应的值为 $\frac{2 \times 3408}{2169}$，也就是3.1415929，小数点后第七位才开始与 π 的准确数值不同！

用这种方法证明概率定律的有效性确实挺有趣的，但说到有趣，还是抛 1000 次硬币并确认 1000 除以正面朝上的次数等于"2"更有趣。要是真这么做了，你会得到 2.000000……和拉泽里尼计算 π 时的误差一样小。

4."神秘"的熵

上述概率论计算都是些日常相关的例子，我们已经了解到这类预测在涉及的数量过小时结果常常不尽如人意，但一旦涉及庞大的数量，就会变得越来越准确。这个特点使得这些定律特别适用于数量无穷大的原子或分子，并且原子或分子还是我们能够方便处理的最小物质。也就是说，虽然在"醉汉行走"例子中，概率定律只能大致告诉我们他们可能会拐 20 多个弯，但将概率定律应用于每秒受到数十亿次碰撞的染料分子时，就会得到最严谨的物理扩散定律。我们也可以说，试管中最初只有一半的水溶解了染料，而其中的染料通过扩散过程逐渐均匀地散布到所有液体中，因为这种均匀分布比最初的分布状态概率更高。

同理，你坐在房间中读书，从来没想过如果空气突然全部缩到房间一角，你就会在椅子上窒息而死。但是，从物理角度来说，这种恐怖事件并不是完全不可能，只是可能性极低。

为了解释清楚这个问题，让我们想象房间被一个假想的垂直平面分成了两等份，那么空气分子在房间两个部分之间的分布是什么样的呢？显然，这个问题与前面讨论过的抛硬币问题相同。如果我们随意选一个分子，它出现在房间左边或右边的概率是一样的，就像抛起的硬币落在桌子上时不是正面就是反面。

第二个、第三个、所有分子出现在房间左边或右边的概率都是相同的，不管其他分子在哪。[1] 因此，分子在房间两侧的分布情况和抛硬币时正反面的分布情况一致，如图 84 所示，一半一半是最有可能的分布情况。图中还能看出，随着抛掷次数的增加（在我们的例子中是空气分子的数目），一半一半的概率变得越来越大，如果抛掷次数庞大到一定程度，一半一半基本就变成唯一可能的分布情况。因为一个平均尺寸的房间里大约有 10^{27} 个分子[2]，所有分子同时聚集在房间右边的概率是：

$$\left(\frac{1}{2}\right)^{10^{27}} \approx 10^{-3 \times 10^{26}}$$

也就是 $1/10^{3 \times 10^{26}}$。

另一方面，由于空气分子的速度是每秒 0.5 千米，所以它们从房间的一端移动到另一端只需要 0.01 秒，导致它们在房间里的分布状况每秒会重新排列 100 次。因此，需要等待 $10^{299,999,999,999,999,999,999,999,998}$ 秒才能等到所有分子都聚集在房间右侧，而宇宙的总寿命才不过 10^{17} 秒！所以，你不必担心可能会憋死，可以继续平静地读书了。

再用桌上的一杯水举个例子。我们知道水分子因为不规则的热运动而高速向所有方向运动，但它们之间的内聚力阻止了它们四散飞出。

因为每个独立分子的运动方向都完全遵循概率定律，那么应该存在某个特定时刻，在这一时刻下，玻璃杯上半部分的水分子全部朝上运动，而玻璃杯下半部分的水分子则全部向下运动。[3] 如此一来，上下两部分分子交界面上的内聚力将无法与分子们"想要分离的一致愿望"抗衡，因此，我们会看到玻璃杯里一半的水如子弹一般自发地高速飞向天花板的奇怪物理现象！

另外一种可能性是水分子热运动的总能量突然集中在玻璃杯上半部分

---

[1] 由于单个气体分子之间的间距很大，所以房间里一点也不拥挤，而且，即使房间里已经有了一定体积的大量气体分子，新的分子依然可以进入。

[2] 一个长、宽、高分别为 10 英尺、15 英尺和 9 英尺的房间，体积为 1350 立方英尺，也就是 5×10^7 立方厘米，因此其中含有 5×10^4 的空气。因为空气分子的平均质量是 $30 \times 1.66 \times 10^{-24} \approx 5 \times 10^{-23}$ 克，所以分子总数是 $5 \times 10^4 / 5 \times 10^{-23} = 10^{27}$。

[3] 我们只能研究这种一半一半的分布状态，因为力学中的动量守恒定律已经排除了所有分子朝同一方向运动的可能性。

的分子中，因此，靠近底部的水会突然结冰，而上半部分的水则会开始剧烈沸腾。那么，你怎么从来没见过这样的事情发生呢？并不是因为它们完全不可能发生，而是因为它们发生的可能性极低。事实上，如果你算一下最初四散分布并朝着不同方向运动的分子速度，你就会发现，想要完全依靠等待达到上述分子分布状态，其发生概率和空气分子突然聚集在一个角落的概率一样低。同理，某些分子在碰撞中失去自身的绝大部分动能，而另一些分子则同时获得相当多的动能的可能性也微乎其微。这再一次说明，分子运动之所以和我们平常观察到的一致，是因为这种分布的可能性最大。

如果分子的初始位置或速度不符合可能性最大的情况，比如在房间一角充气，或者在冷水上加入热水，就会有一系列物理变化发生，使这些体系重新回归概率最高。也就是说，气体会扩散，直到均匀地充满整个房间，而玻璃杯上半部分的水会流向下半部分直到整杯水温度相同。因此我们可以说：所有基于分子不规则运动的物理过程都是沿着概率增加的方向推进的，而这些过程最终会达到可能性最大的平衡态。正如我们在房间空气的例子中所了解到的，分子的不同分布状态出现的概率通常是些很不方便的很小的数字（如将空气聚集到房间的一半空间的 $10^{-3 \times 10^{26}}$），因此，人们习惯使用其对数。这个物理量就是熵（entropy），它在所有与物质的不规则热运动相关的问题中都起着重要的作用。刚才提到的关于物理过程中概率变化的说法可以重述如下：物理体系中的所有自发变化都朝着熵增加的方向推进，直至最后达到熵最大的平衡态。

这就是著名的熵增定律（Law of Entropy），我也称它为动力学第二定律（第一定律是能量守恒定律），如你所见，它并没什么可怕的。

我们在上述所有例子中了解到，熵的值达到最大时，分子位置和速度完全是随机分布的，任何想要将秩序引入它们运动的尝试都会导致熵值的增加，因此，熵定律也叫无序增长定律（Law of Increasing Disorder）。通过研究热和机械运动的转化问题还能得出一个更实用的熵增定律公式。如果你还记得热其实就是分子的无规律机械运动，那就不难理解：要将某种物质中的热全部转化为大规模运动的机械能，就是要让该物质中的所有分子朝相同的方向运动。但是，在一杯水自发射向天花板的例子中我们已经了解到，发生这种现象的可能性极低，以至于可以认为它在实际情况中不可能发生。所以，尽管机械运动可以完全转化为热（比如通过摩擦），但是热量却永远不可能完全转化为机械运动。这就排除了从常温物质中获取热量，使物质冷却并利用所获得的能量作机械功的"第二类永动机"的可能性。① 也就是说，人类是无法建造出这样的蒸汽轮船的：它的机舱里装的是海水，它从海水中提取热量，再将失去热量变成冰块的海水扔回海里，因此不用依靠烧煤产生热量。

但是，普通的蒸汽机为什么能在不违反熵增定律的前提下将热量转化为机械运动呢？诀窍就是蒸汽机中燃烧的燃料只有一部分变成了能量，而剩下更大的那部分却以蒸汽的形式被排放到大气中或被特别设计的蒸汽冷却机吸收了。在这种情况下，我们研究的体系中存在两个相反的熵变：（1）一部分热量转化为活塞的机械能所引起的熵减。（2）另一部分热量从锅炉进入冷却器所导致的熵增。熵增定律只要求体系的熵的总量增加，所以只要上述第二种熵变大于第一种熵变就可以了。为了更好地理解这些，假设有一个 5 磅的重物放在离地 6 英尺高的架子上。根据能量守恒定律，这个重物是不可能在不借助外力的前提下自行朝天花板上升的。而如果让这个重物的一部分坠落到地板上，就可能利用由此释放的能量让另一部分飞上去。

同理，如果我们想在体系某一部分制造熵减，只需在体系中另一部分中制造熵增去补偿即可。换句话说，在分子无序运动的例子中，我们可以让某一区域内的分子运动更加有序，只要我们不介意这样做会使其他区域的分子更加无序。其实，在许多诸如各类热功机械的例子中，我们确实是不介意的。

5. 起伏统计

在大规模物理学中，我们面对的都是数量极大的独立分子，所有基于概率研究的预测都几乎具有绝对的确定性。通过前一节的讨论，你一定已经清楚地了解到熵增定律及其相关结果都完全基于上述事实。但是，如果我们研究的是数量较少的对象，这些预测的准确性就会大大下降。

举例来说，如果我们研究的不是前面例子中那种充满了整个房间的空

---

① "第一类永动机"则正好相反，它试图在没有任何能量供应的情况下工作，违反了动力学第一定律——能量守恒定律。

气，而是比如边长为百分之一微米 ① 的小立方体内的气体，那么情况就完全不同了。事实上，因为这个立方体的体积是 10^{-18} 立方厘米，所以其中只含有 $\dfrac{10^{-18} \times 10^{-3}}{3 \times 10^{-23}}$=30 个分子，而这 30 个分子全部出现在立方体半边的概率为 $(\dfrac{1}{2})^{30}$ =10^{-10}。

另一方面，由于立方体的体积很小，分子重新排列的速度为 5×10^9 次每秒（速度 0.5 公里每秒，距离只有 10^{-6} 厘米），所以差不多每过 1 秒我们就会发现立方体有一半是空的。很明显，一部分分子全部聚集在立方体某一半的情况也明显变得更频繁了。比如，一半有 20 个分子，另一半有 10 个分子（即某一半多收集 10 个分子）的发生频率为：

$$(\dfrac{1}{2})^{10} \times 5 \times 10^{10}=10^{-3} \times 5 \times 10^{10}=5 \times 10^7$$

也就是每秒 5000 万次。

因此，在尺寸很小的地方，空气中的分子分布一点也不均匀。如果放大足够倍数，我们就能观察到气体中某些位置会形成小小的分子团，不过，它们会很快分散，并以相似的形态出现在其他位置。这种效应叫作密度起伏（fluctuation of density），在许多物理现象中都至关重要。比如，太阳光线穿过大气层时，这种不均匀性会导致光谱中的蓝色光线发生散射，使天空呈现熟悉的蓝色并使太阳看起来比它实际的颜色更红。由于日落时大气层更厚，太阳这种变红的效应在日落时尤为明显。如果不是因为密度起伏效应，天空将永远保持一片漆黑，白天就能看到星星。

那么，熵增定律是否适用于那些极易受到统计学起伏影响的小型物体呢？一个一直被分子撞来撞去的细菌要是听到热不能转化为机械运动，肯定会嗤之以鼻！但这更应该归结于熵增定律已经不再适用，而不应该说细菌的行为与熵增定律相矛盾。其实，熵增定律只是说分子运动无法完全转换为由大量独立分子组成的大型物体的运动。对于没比分子大多少的细菌来说，热与机械运动差不多是一回事儿，而且对于细菌来说，被分子撞来撞去就和我们在涌动的人群中被其他人撞来撞去一样。如果我们是细菌，那么只要我们把自己绑在一个快速转动的轮子上，应该就能制造出第二类永动机了，但这样我们就没有可以利用的大脑了。所以，我们不是细菌也没什么可遗憾的！

生物中也存在一个似乎与熵增定律矛盾的例子。生长中的植物吸收简

---

① 一微米等于 0.0001 厘米，通常用希腊字母 Mu（μ）表示。

单的二氧化碳分子（来自空气）和水分子（来自地下），并将它们构建成组成植物的复杂有机分子。从简单分子到复杂分子的转变会降低熵值，而类似木材燃烧使木头分子分解为二氧化碳和水蒸气的过程才是熵增过程。植物真的违背了熵增定律吗？它们在生长过程中，真的是得益于有那些古代哲学家所提倡的神秘的"生命之力"（vis vitalis）吗？

　　经过分析，这个问题的答案是：并不矛盾。因为除了二氧化碳、水和某些盐类外，植物的生长还需要充足的阳光。阳光提供的能量除了储存在植物中，还会在植物燃烧时再次释放出来；此外，太阳光线也携带着所谓的"负熵"（低熵），当光被绿叶吸收时，负熵也随之消失。因此，植物叶片中的光合作用包含两个相关过程：（a）将太阳光线的光能转化为复杂的有机分子的化学能。（b）利用太阳射线的低熵来降低简单分子形成复杂分子所形成的熵。所以，关于"秩序和无序"，可以这么理解：当太阳光被绿叶吸收后，太阳辐射就失去了它刚到地球时所具有的内部秩序，而这部分秩序则被分子利用，使它们得以构成更复杂、更有序的结构。植物从太阳光中获取负熵（秩序），利用无机化合物来构建自身，而动物则必须以植物（或动物）为食来提供负熵，可以说，它们是负熵的二手使用者。

第九章　生命之谜

1. 我们是由细胞构成的

到目前为止，我们针对物质结构的讨论中都刻意回避了那个占比相对较少但极其重要的物体，这些物体与宇宙中其他物体都不同，因为它们是"活的"。是什么造就了生物体和非生物体之间的重要区别？成功解释了非生命体性质的那些物理定律，又有几分希望能够解释生命现象呢？

说起生命现象，我们通常会想到某些相当大且复杂的生物，比如一棵树、一匹马或一个人。但是，要想把这些复杂的有机体作为一个整体来研究，并从中参透生命物质的基本性质，就像要把某个复杂机器（如汽车）作为一个整体来研究无机物的结构一样徒劳。

很明显，这一点很难做到，因为一辆行驶中的汽车是由成千上万个形状各异、处于不同物理状态且由不同材料构成的零件组成的。这些零件中，有些是固体（如钢制底盘、铜制电线和挡风玻璃）；有些是液体（如水箱中的水、油罐中的汽油和机油）；有些是气体（比如通过化油器注入气缸的混合物）。所以，想要分析汽车这个复杂物质，首先要把它分解成独立的、物理性质相同的组件。如此一来，我们就会发现，汽车的组成成分中包括各种金属物质（如钢、铜、铬等）、各种类玻璃物质（如结构中的玻璃和塑料）、各种均匀液体（如水、汽油）等等。

现在，我们可以用现有的物理研究方法继续分析，并发现铜制零件是由独立铜原子紧密结合、层层堆叠而形成的独立小晶体构成的；而水箱中的水是由 1 个氧原子和 2 个氢原子组成的水分子通过相对松散的方式大量堆叠而成；经由汽化器阀门进入气缸的燃烧剂则含有一群自由的氧分子和氮气分子，以及由碳原子和氢原子构成的汽油分子。

同理，如果想要研究一个如人体般复杂的生命体，我们必须先把人体分解成不同的器官，如大脑、心脏和胃，然后进一步分解成各种生物性质相同的物质（biologically homogeneous material），即统称为"组织（tissue）"的东西。

正如机械装置是由各种物理性质相同的物质构成的，在某种意义上，各种类型的组织就是构成复杂生物的材料。解剖学和生理学通过构成生命体的不同组织的性质来研究生命体，类似地，工程学从各种机器组件的已知机械、电磁等性质入手，研究机器的性能。

因此，要解开生命之谜，不仅要看这些组织是如何组成复杂有机体的，还要看独立的原子是如何构成这些组织，最终形成生命体的。

如果认为具有生物同质性的活体组织和具有物理同质性的普通物质具有可比性，那就大错特错了。事实上，只要对任意指定组织（无论是皮肤、肌肉还是大脑）进行基础的显微分析，就能发现它是由大量独立单位组成的，而这些独立单位差不多决定了整个组织的性质（图90）。这些生命物质的基本结构单位通常被称为"细胞"。由于某一特定类型的组织至少要包含一个独立细胞才能保有其生物学特性，也可以称细胞为"生物原子"（即不可分割之物）。

以肌肉组织为例，如果肌肉组织中只剩下半个细胞，它就会失去所有性质，如肌肉收缩。同理，如果一根镁丝中只剩下半个镁原子，它就不再是金属镁，而是变成了一小块煤！[1]

细胞形成植物组织　　　肌肉组织中的一个细胞　　　脑组织中的一个细胞

图 90　各种类型的细胞

构成组织的细胞体积相当小（平均直径为百分之一毫米[2]）。任何我们熟知的动植物都是由大量独立细胞构成的。比如，成人的身体包含几百万亿个独立细胞！

---

[1] 前面讨论原子结构时我们提到过，镁原子（原子序数12，原子量24）是由包含12个质子和12个中子的原子核，以及围绕在原子核外围的12个电子构成的。通过平分镁原子，我们会得到2个新原子，每个包含6个核质子、6个核中子和6个外层电子——换句话说，就是2个碳原子。

[2] 也存在特别大的单个细胞，我们熟知的蛋黄就属于这种情况，蛋黄只包含一个细胞。但是，负责维持生命的蛋黄细胞其实只是显微尺寸，蛋黄中大部分黄色物质只是为了小鸡胚胎发育而储存的食物。

更小的生物含有的细胞当然也更少，比如，苍蝇或蚂蚁所含的细胞数量不过几亿。还有一个名为单细胞生物的大家族，其中包括变形虫、真菌（如能够引起"癣"类感染的那些）和各种类型的细菌，它们仅由一个细胞构成，只有在精良的显微镜下才能观察到。这些独立的活细胞不需要承担复杂有机体中的"社会功能"，针对它们的研究成就了生物学领域中最激动人心的篇章之一。

我们必须研究活细胞的结构和性质，才能了解与生命相关的常见问题。是什么特性造就了活细胞与普通的无机物质之间的天壤之别？或者说，活细胞和制作写字台的木头或制作鞋子的皮革里的死细胞有何不同？

活细胞的以下能力决定了它的基本区别性质：（1）能够从周围介质中吸收其结构所必需的材料；（2）能够将这些材料转化为其机体成长所需的物质；（3）达到一定几何尺寸后，能够分裂成两个相似的细胞，每个细胞的大小是原始尺寸的一半（并具有生长能力）。很明显，所有由独立细胞构成的更复杂有机体都具有这些事关"吃""成长"和"增殖"的能力。

若是读者富有批判性思维，可能会反对说，这三种性质也可以在普通的无机物质中找到。比如，如果我们把一小粒盐晶体放入饱和盐溶液中[1]，晶体就会从水中提取（或者说"驱逐"）盐分子，并将这些盐分子叠加在表面实现成长。我们甚至可以想见，由于某些力学效应，晶体的重量持续增加并达到一定尺寸后，就会分裂成两半可以继续生长的"宝宝晶体"。我们为什么不能把这个过程看作一种"生命现象"呢？

在回答这个问题及其相似问题之前必须首先说明，如果单纯把生命看作更复杂的物理及化学现象，那么生命体和非生命体之间的界限确实不会太明显。就好像用统计定律来描述大量独立分子形成的气体行为（见第八章）同样不具备精确效度。因为，原本充满房间的空气不会突然聚集在房间某一角落，或者说，起码这种不寻常事件发生的概率微乎其微。另一方面，如果整个房间里只有两个、三个或四个分子，它们经常会同时出现在某一角落。

想要区别两种情况所需的具体数值界限到底是多少？ 1000 个分子？100 万个？ 10 亿个？

---

[1] 将大量的盐溶解在热水中，然后冷却到室温即可制备过饱和溶液。由于盐在水中的溶解度随着温度的降低而降低，随着水温的降低，水中盐分子的数量将远超水在该温度下能够溶解的盐量。但是，除非我们在水中放入一个小晶体作为一种组织剂，提供初始刺激使盐分子从溶液中大批流出，否则过量的盐分子会在溶液中停留很长一段时间。

　　同理，如果这一问题下降到基础生命过程中，虽然活细胞的生长分裂现象比水溶液中盐结晶的简单分子现象更复杂，但是它们之间并没有绝对性的本质区别，因此，我们同样很难发现两者之间的明确界限。

　　但是，对于盐结晶这个例子来说，我们可以断言晶体的生长并不应该被视为生命现象，因为晶体为了生长而吸收进体内的"食物"和它在溶液中的形态完全一致。先前与水分子混合的盐分子只是单纯聚集在了生长中晶体的表面上。这是一种物质的普通机械积累（mechanical accretion）过程，而不是典型的生化同化（biochemical assimilation）过程。而重力偶尔分裂成不规则且比率不可预测的两部分，纯粹是机械力（重力）的作用结果，而活细胞始终精确地分裂为两半的生物分裂过程主要是内力的作用结果，两者毫无相似之处。

　　如果下面这个例子存在，那这个例子就更贴近生物学过程了：二氧化碳气体的水溶液中存在一个酒精分子（C_2H_5OH），酒精分子可以依次吸收一个水分子和一个溶解在水中的二氧化碳分子，从而产生一个自给自足的合成过程，形成新的酒精分子[①]。如果向一杯普通苏打水中滴一滴威士忌就能把苏打水变成纯威士忌，那可是很难不把酒精看作是生命体了！

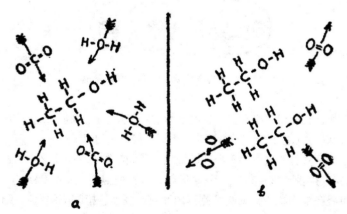

图 91　一个酒精分子将水分子和二氧化碳分子整合成一个新的酒精分子的假想示意图。如果这种酒精"自动合成"过程真的存在，我们就应该把酒精看作生命体

---

① 这个假想反应的方程式可能是：$3H_2O+2CO_2+[C_2H_5OH] \rightarrow 2[C_2H_5OH]+3O_2$，其中酒精分子的数量翻倍了。

但是这个例子并没有看上去那么奇妙，因为我们稍后会了解到，世上还存在一种被称为病毒（virus）的复杂化学物质，其相当复杂的分子（每个分子由几十万个原子组成）所担任的职责就是将周围介质中的其他分子重新整合成与它自身相似的结构单元。这些病毒粒子既是普通的化学分子，同时也是生命体，也就是生命体和非生命体之间"缺失的一环"。

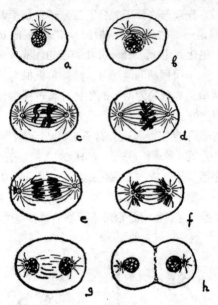

图 92　细胞的连续分裂步骤（有丝分裂）

但是，我们现在必须回到普通细胞的生长及增殖问题上来。普通细胞是最简单的生命体，它虽然很复杂，但远不如分子复杂。

如果用精良的显微镜观察典型细胞，我们会发现它是由化学结构非常复杂的半透明胶状物构成的。这类胶状物统称细胞质（protoplasm）。细胞质被包裹在细胞壁中，动物细胞壁薄而富有弹性，植物细胞壁则厚而重，植物也因此具有了高硬度（参见图 90）。每个细胞内部都有一个叫作细胞核（nucleus）的小球状体，由名为染色质（chromatin）的物质构成的精细网络结构组成（图 92）。值得注意的是，形成细胞的细胞质中的各个部分通常情况下都是完全透明的，单纯通过显微镜观察活细胞是无法看到细胞质结构的。因此，我们必须对细胞进行染色，利用细胞质不同结构部分对染料的吸收程度不同这一点。形成细胞核网络的部分尤其容易被染色，在较浅的背景下清晰可见。[①] 正因如此，它才得名"染色质"，在希腊语中意为"有颜色的物质"。

　　当细胞准备进行重要的分裂过程时，核网络的原本结构会发生较大变化，图中可以看出，核网络由一组通常称纤维状或棒状的独立粒子组成（图92b、c），这些粒子被称为"染色体（chromosome）"（即"带着颜色的物体"）。见插图VA、插图VB。[②]

　　生物体内同属一个生物类别的细胞都具有相同数量的染色体（生殖细胞除外），且高度分化的组织细胞中的染色体数量通常比分化度低得多。

　　果蝇的细胞中有8条染色体，它帮助生物学家破解了许多有关生命的基础谜题。豌豆的细胞中有14条染色体，而玉米的细胞中有20条染色体。生物学家以及其他人类的细胞有幸携带了48条染色体——纯粹从算术角度来看，这本来可以证明人类比果蝇厉害6倍，但如果按照这个逻辑，每个细胞含有200条染色体的小龙虾岂不是要比人类厉害4倍！

　　各类物种细胞中的染色体数量都是偶数，这是染色体的重要特点之一。也就是说，每一个活细胞（除了在本章后面讨论）中都有两个几乎完全相同的染色体组（见插图VA）：一组来自母亲，一组来自父亲。这两组分别来自父母双方的染色体携带着所有生物代代相传的复杂遗传特性。

　　细胞分裂的第一步是从染色体开始的，每条染色体沿纵向整齐地分裂成两条一模一样但比初始染色体稍细的纤维，而细胞此时仍是一个独立整体（图92d）。

　　原本杂乱的核染色体逐渐变得规则起来，为分裂做好了准备，原本肩并肩位于原子核边缘的两个叫作中心体（centrosome）的点也开始逐渐远离彼此，向着细胞的两端移动（图92a、b、c）。接着，背道而驰的中心体中间开始形成纺锤丝，将细胞核中的染色体囊括其中。然后，染色体分裂成两半，分别连接在位于细胞相反两端的中心体上，并随着纺锤丝的收缩而渐行渐远（图92e、f）。在有丝分裂的末期（图92g），细胞壁开始沿中心线内陷（图92h），形成一层薄壁，将两半细胞彼此隔开，由此形成两个

---

① 这类似于用蜡在纸上写字。只要用黑色铅笔在纸上涂一层阴影，蜡字就会显现出来。因为石墨无法附着在蜡上，所以蜡字在黑色的背景上清晰可见。

② 值得注意的是，对活细胞进行染色通常会杀死该细胞并终止其分化。也就是说，图92中的连续细胞分离图片并不是通过拍摄一个细胞得到的，而是通过对处于不同分化阶段的细胞进行染色（并将其杀死）而得到的。不过原则上来说，这与真实分化过程无异。

完全独立的新细胞。

如果分裂出的两个新生细胞能够从外部获得足够的养分，它们将成长到母体大小（即长大 2 倍），并在一段静息之后再次分裂，且分裂模式与其母体完全一致。

因为目前鲜少有针对细胞分裂过程中物理化学力的具体性质的研究，所以上述对于细胞分裂各个步骤的描述均来自直接观察，并且是现阶段科学能对该现象做出的全部解释。将细胞作为一个整体直接进行物理分析过于复杂，我们需要先在下一节中了解较为简单的染色体性质。

但是，我们需要先思考一下，在由大量细胞组成的复杂生物体中，细胞分裂是如何影响生殖过程的。我们可能不禁要问，到底是先有鸡还是先有蛋？但实际上，无论我们是从一枚快要变成鸡（或其他动物）的"蛋"开始，还是从一只将要下蛋的鸡开始，都不会影响我们对这种循环过程的理解。

假设我们从一只刚刚从蛋里孵化（生）出来的"鸡"开始，出生之初，它体内的细胞正在经历一个连续分裂的过程，因此能够促使生物体快速生长发育。因为成熟机体所含有的几万亿个细胞都是由一个受精卵细胞经过连续分裂形成的，所以乍一看，似乎需要相当大量的连续分裂过程才能分裂出这么多细胞。但是，想想西萨·本·达希尔用 64 步几何级数诱导心怀感激的国王在不经意间许诺了他多少粒小麦，再想想第一章中的世界末日问题中重新排列 64 张圆盘需要多少年，你就能看出用不着那么多次连续细胞分裂就能得到大量细胞。如果我们设受精卵需要进行 x 次连续细胞分裂才能生长成人，那么由于机体成长时每次分裂细胞数目都会翻番（因为每个细胞会分裂成两个），我们可以用以下方程式计算出人类从受精卵到成熟机体之间需要经过的分裂次数 $2^x=10^{14}$，并得出 x=47。

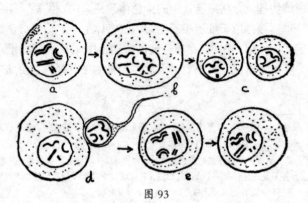

图 93

配子的形成（a、b、c）和卵细胞的受精过程（d、e、f）。在第一种过程（减数分裂）中，生殖细胞中成对的染色体没有经历分裂阶段，直接一分为二。在第二种过程（两性生殖）中，雄性精子细胞进入雌性卵细胞，且两者的染色体进行配对。这些完成后，受精细胞的定期分裂就准备完毕了，如图92所示。

因此，最初的卵细胞决定了我们的存在，而我们发育成熟的身体中的每一个细胞大概是最初卵细胞的第五十代子孙。[1] 虽然年幼动物的细胞分裂速度相当快，但成熟个体中的大多数细胞都处于"静息"状态，只会偶尔发生分裂，以在生活中"维护"机体并补偿损耗。

现在，我们一起来认识一种特殊且非常重要的细胞分裂方式，它能促成所谓的"配子（gamete）"或"合成细胞（marrying cell）"的形成，并从而引发生殖现象。

所有两性生物都在最早期阶段为将来繁衍生息"预留"了一部分细胞。这些位于特殊生殖器官中的细胞，在有机体的生长过程中进行的普通分裂的次数远远小于身体里其他细胞，而当机体需要它们产生新的子孙后代时，它们依然活力满满。这些生殖细胞的分裂方式与上述普通身体细胞的分裂方式不同，且要简单得多。它们细胞核中的染色体不会像普通细胞那样一分为二，而是简单地彼此剥离开（图93a、b、c），因此每个子细胞只会得到原始染色体组的一半。

这些"染色体不足"的细胞的形成过程就是"减数分裂（meiosis）"，与普通"有丝分裂（mitosis）"的过程相反。通过减数分裂产生的细胞叫作"精子细胞"和"卵细胞"，也叫雄配子和雌配子。

细心的读者可能会好奇原本的生殖细胞分裂出的两等份是如何成长为带有性别特质的雌雄配子的，答案就在于前文提到的并非所有染色体都是成对存在的。有一类特殊的染色体，在雌性体由两条完全一样的染色体组成，但在雄性体内则由两条不同的染色体组成。这种特殊染色体就是性染色体，用 X 和 Y 两个字母来区分。雌性体内的性染色体细胞通常含有两

---

① 将这一计算和原子弹爆炸（见第七章）的相关类似计算进行比较后，你会发现一个有趣的结果。为了让铀发生裂变，每公斤材料中的每个铀原子（总共含有 $2 \times 5 \times 10^{24}$ 个原子）需要经历的连续裂变次数可以用以下相似方程式算出：$2^x = 2 \times 5 \times 10^{24}$，可得 x=61。

条 X 染色体，而雄性的则含有一条 X 染色体和一条 Y 染色体。[①] 正是性染色体中 Y 染色体和 X 染色体的区别造就了两性之间的基本差异（图 94）。

因为雌性生物体内的所有生殖细胞都具有一套完整的 X 染色体，所以当雌性生殖细胞在减数分裂过程中一分为二时，每个子细胞或配子将得到一条 X 染色体。但是，由于男性生殖细胞中含有一条 X 染色体和一条 Y 染色体，当其分裂时，会产生两种配子，其中一个含有 X 染色体，另一个含有 Y 染色体。

在受精过程中，一个雄配子（精子细胞）和一个雌配子（卵子细胞）结合时，有 50% 的概率会产生一个含有两条 X 染色体的细胞，还有 50% 的概率会产生一个含有一条 X 和一条 Y 染色体的细胞——第一种情况会生出一个女孩，第二种则是一个男孩。

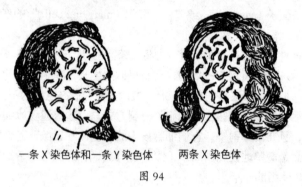

一条 X 染色体和一条 Y 染色体　　　两条 X 染色体

图 94

　　　男人和女人之间的"面值"差异。女性体内的所有细胞都含有
48 对染色体，且每对中的两条染色体都完全相同，而男性体内的细
胞则含有一对不对称的染色体。与女性的两条 X 染色体不同，男性
有一条 X 染色体和一条 Y 染色体。

接下来，我们先解释一下生殖过程，下一节再回到这个重要的问题上来。

在有性繁殖中，雄性精子与雌性卵细胞结合形成一个完整的细胞，该细胞随后遵循图 92 所示的"有丝分裂"过程开始分裂成两个。由此形成的

---

① 这句话适用于人类及所有哺乳动物。但是禽类的情况恰好相反——公鸡的两条性染色体是相同的，而母鸡的两条则不同。

两个新细胞在短暂的休息之后又分裂成两个，新生成的四个细胞继续重复这个过程，以此类推。每一个子细胞都完美复刻了原始受精卵中一半来自母方和一半来自父方的所有染色体。图 95 是受精卵逐步发育为成熟个体的示意图。可以看出，精子在图 95a 所示进程中进入了休眠的卵细胞内部。

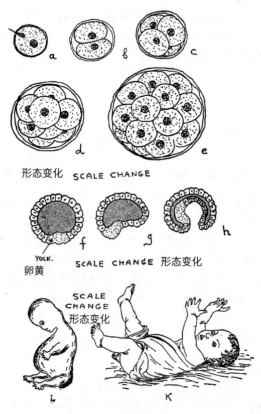

图 95 从卵细胞到婴儿

两个配子融合成完整细胞后激发了新的活动，使得初始细胞一分为二，再分为 4 个、8 个、16 个，就这样不断生长（图 95b、c、d、e）。当细胞数量大到一定程度，它们就会倾向于将自己全部排列在表面，以便从周围的营养介质中获取养分。在这个发育阶段，生物体看起来像一个内部有一个腔体的小气泡被称为"囊胚"（f）。随后，该腔体的壁开始向内凹陷（g），生物体由此进入"原肠胚"阶段（h），在这一阶段，生物体看起来像一个小口袋，袋口既需要吸收新鲜养分，也需要将消化后的残渣排出。如珊瑚这类简单的动物，发展到这个阶段就停止了。但是，更高级的物种会继续生长和进化。一部分细胞会发育成骨骼，另一部分细胞会发育成消化系统、呼吸系统和神经系统，并在经过不同的胚胎阶段（i）后最终发育成具有种族辨识度的幼体（k）。

前面提到过，生长中的有机体会保留一部分发育中的细胞，甚至是基本未发育的细胞，将它们搁置一旁以作将来生殖之用。当生物体成熟时，这些细胞会通过减数分裂过程产生配子，并重复上述过程。生命由此得以延续。

2. 遗传和基因

生殖过程中最显著的特征在于，来自父母双方的一对配子结合，产生的新生命体虽然不会长得和父母一模一样，但也不会成长为某种随机生命体，而是会长成像父母或祖父母的样子。

一对爱尔兰雪达犬生出的幼犬一定长得像狗，不会像大象或兔子，体型也不会像大象那么大或兔子那么小，它会有四条腿、一条长尾巴、两只耳朵和左右各一只的眼睛。我们还可以合理地推断，它的耳朵是柔软下垂的，浑身长满金黄色的长毛且很可能会喜欢捕猎。此外，它身上还会具有许多可以追溯到它父母或更早期祖先的特征，同时拥有自己独有的特征。

发育成小狗的两个配子中的物质都只有显微镜级别的尺寸，它们如何能够携带所有这些各式各样的特征呢？

正如之前提到的，每个新生有机体都从父母那里各获得一条染色体。所以，父母的染色体中很明显都携带着该物种的主要特征，而各种次要特征则可能来自父母中的某一方，且因个体差异而不同。虽然经过漫长时间或大量迭代之后，各种动植物的基本性质无疑会发生改变（生物进化论可以为此事佐证），但是，对于人类所能达到的观测时长来说，只能注意到那些相对较小的特征变化。

研究这些特征及其从父母到子女的转移便是遗传学这门新晋科学的主要课题，尽管遗传学还处于起步阶段，但它仍然能够揭示关于生命中最核心秘密的精彩故事。比如，我们已经发现，和大多数生物现象不同，遗传规律几乎就是道简单的数学题，这种简单性也表明遗传是生命的基本现象之一。

以色盲为例，色盲是一种人类视力的缺陷，最常见的形式是不能区分红色和绿色。要解释色盲是怎么回事，我们必须了解为什么能看到颜色，要研究视网膜的复杂结构和特性，以及不同波长的光引起的光化学反应问题，等等。

但是，如果只是要解释色盲的遗传性，答案很简单——虽然乍一看这个问题似乎比解释色盲现象还要复杂。已观察到的事实表明：（1）色盲的男性比女性多得多；（2）色盲男性和"正常"女性生的孩子绝不会患色盲；（3）色盲女性和"正常"男性生的儿子必定是色盲，女儿则"正常"。以上这些事实清楚地表明了色盲的遗传在某种程度上与性别有关，因此我们只有假设色盲这一特征源于某个具有缺陷的染色体，并随着这一染色体代代相传，才能结合知识和逻辑做出进一步假设：色盲是由我们之前标记为 X 的性染色体的缺陷造成的。

有了这个假设，有关色盲的经验规则就一目了然了。记住，女性细胞拥有两条 X 染色体，而男性细胞只有一条（另一条是 Y 染色体）。如果男性体内那条单独存在的 X 染色体有色盲缺陷，他就会患色盲。而在女性体内，两条 X 染色体必须都有缺陷，才会导致色盲，因为只需要一条正常的染色体，颜色感知就不会受到影响。如果 X 染色体有这种色盲缺陷的概率是千分之一，那么 1000 名男性中就会有一个色盲。而根据概率乘法定理（见第八章），一名女性的两条 X 染色体都有色盲缺陷的先验概率是：

$$\frac{1}{1000} \times \frac{1}{1000} = \frac{1}{1000000}$$

也就是说 100 万名女性中才会有一个可能是色盲。

现在以一对丈夫是色盲和妻子是"正常"的夫妻为例（图 96a）。他们的儿子不会从父亲那里得到 X 染色体，但会从母亲那里得到一条"好的"X 染色体，所以不会患色盲。

另一方面，他们的女儿将从母亲那里得到一条"好的"X 染色体，再从父亲那里得到一个"坏的"X 染色体。但女儿们并不会患上色盲，不过女儿的后代（儿子）可能会。

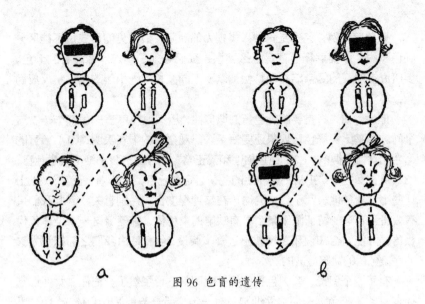

图 96 色盲的遗传

　　相反，色盲妻子和"正常"丈夫（图96b）生出的儿子必定色盲，因为他唯一的 X 染色体来自母亲。女儿们将得到一条来自父亲的"好的"X 染色体和另一条来自母亲的"坏的"X 染色体，但和之前的情况一样，她不会患上色盲，只不过她的儿子可能会患上色盲。就这么简单！

　　像色盲这类需要两条染色体同时受到影响才会产生明显病征的遗传特性叫作"隐性"（recessive）遗传。它们可以以一种隐而不发的形式从祖父母遗传给孙辈，并引发诸如两只漂亮的德国牧羊犬偶尔会生出完全不像德国牧羊犬的小狗这种悲剧。

　　而所谓的"显性"（dominant）特征则相反，只要一对染色体中的一条有缺陷，病征就会显露出来。为了摆脱遗传学的事实材料，让我们以一只耳朵生得像米老鼠的兔子为例来说明这个问题。如果我们假设"米老鼠耳朵"是一种显性遗传特征，也就是说，一条染色体带有该特征就能让耳朵变成这种羞耻（对兔子来说）的形状，那么，如果耳朵生得像米老鼠的兔子和正常兔子的后代以及后代的后代的外观预测将如图97所示。图中用黑点标记了带有米老鼠耳朵缺陷的染色体。

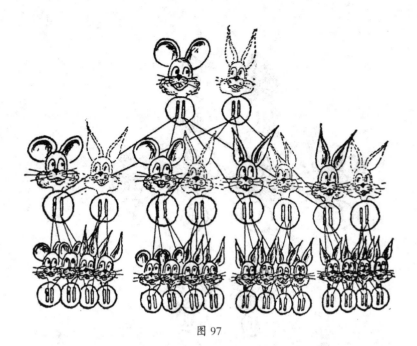

图 97

除了不同的显性特征和隐性特征外，还有一种特征叫作"固有"（indifferent）特征。假设花园中有红、白两种颜色的茉莉花。当风或昆虫将花粉（植物的精子细胞）从红色的茉莉带到另一朵红色茉莉的雌蕊上时，花粉会与雌蕊底部的胚珠（ovules）（植物的卵细胞）结合并发育成种子，然后开出红色的花。同理，如果白花的花粉使其他白花受精，下一代的花将全部是白色。但是，如果白花的花粉落在红花上，或者红花的花粉落在白花上，就会开出粉红色花。很明显，粉红色的花并不是一种稳定的生物物种。如果我们接着用两株粉红色茉莉进行繁殖，下一代将有 50% 的可能性为粉红色，25% 的可能性为红色，25% 的可能性为白色。

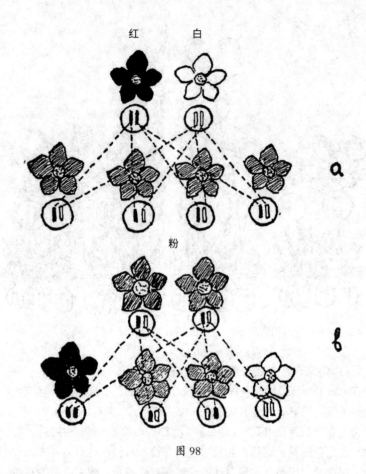

图 98

　　这个现象解释起来也很容易，只要假设植物细胞染色体对中的一条携带着红色或白色特征，那么要想得到纯色，染色体对中的两条必须完全相同，如果一条染色体是"红色"而另一条是"白色"，则花朵呈现粉红色。图 98 给出了"颜色染色体"在后代中的示意图，从图中我们不难看出上述数字关系。同理，只要画一幅和图 98 相似的示意图就不难看出，一白一粉两朵茉莉的第一代后代有 50% 的概率出现粉色，50% 的概率出现白色，但不会出现红色花朵。同理，一红一粉两朵花的第一代后代中有 50% 的概率为红色，50% 的概率为粉色，但不会出现白色花朵。这就是大约一个世纪前，平平无奇的摩拉维亚神父格雷戈尔·孟德尔（Gregor Mendel）在布伦斯附近的修道院种豌豆时首次发现的遗传规律。

　　到目前为止，我们已经发现了后代继承的各种特征与他们从父母处获得的不同染色体之间的联系。但是，对于数量相对较少的染色体来说（每个果蝇细胞 8 条，每个人类细胞 48 条），这些不同的遗传特征的数量简直数不胜数，因此，我们不得不承认，染色体上携带着一长串的独立特征，可以想象，这些特征遍布细长纤维一般的染色体。事实上，只要看一眼插图 VA 所示的果蝇（Drosophila melanogaster）[1] 唾液腺染色体，你就会禁不住觉得细长染色体上的大量横向暗色条纹就是携带着不同特征的位置。这些条纹中有些负责果蝇的颜色，有些负责它们翅膀的形状，还有些决定了果蝇有六条腿、大约四分之一英寸长、长得像果蝇而非蜈蚣或鸡。

　　而实际上，遗传学也证实了我们的这种感觉是正确的。遗传学不仅能证明染色体上这些叫作"基因"（gene）的微小结构单位确实携带着各种不同的遗传特征，还能辨别出很多特定基因和特定特征之间的联系。

　　不过，即使将基因放大到人类能承受的极限，它们看起来仍然一模一样，也就是说，它们的功能差异隐藏在分子结构深处的某个角落。

　　因此，只有仔细研究某一特定植物或动物物种的不同遗传特性代代相传的方式，才能找到各种基因"在生命中的作用"。

　　因为所有新生生物都会从父母双方各得到一条染色体，而父母的染色体又是由祖父母各一半的染色体发展而来的，所以，我们自然而然地认为，孙辈只能继承祖父母其中之一的遗传特性。但是，这并不一定是正确的，在某些情况下，孙辈可以同时继承祖父母和外祖父母的所有遗传特性。

　　这是否说明上述染色体转移规律是错误的呢？不，它没有错，只是考虑得有些简单了。在减数分裂的准备过程中，还有一点需要注意：生命体预留的生殖细胞分裂成两个配子时，染色体对经常缠绕在一起，并互相交换自身的某些部分。这种交换过程（如图 99a、b 所示）导致父母的基因序列在混合后才传给了后代，因此也导致了遗传特征的混合。有些情况下（图 99c），单条染色体也可以折叠成环状，并以不同的形式断开，打乱基因顺序（图 99c 和插图 VB）。

---

[1] 在图中的特殊情况下，染色体和平常不同，尺寸极大，因此可以通过显微拍照的方法轻松研究其结构。

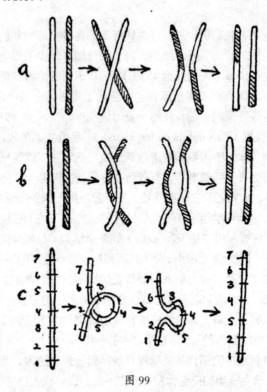

图 99

很明显，一对染色体之间或单个染色体内的基因重组，更容易影响那些位置原本相距较远的基因，而不是位置相近的基因。切牌也是一样的道理，它能够改变位于切牌位置上下的卡牌的相对位置（并且能够将最顶部的牌和最底部的牌挪到一起），但是真正能够被每次切牌分开的"邻居"只有一对。

因此，如果我们观察到两种特定的遗传特征几乎总是在染色体交换中一起移动，就可以推断出这两种特征对应的基因是近邻。相反，交换过程中经常被分开的特征在染色体上的位置一定相距较远。

沿着这些思路，美国遗传学家 T. H. 摩尔根（T. H. Morgan）和他的研究小组确立了准确的果蝇染色体基因序列，并将其用于他们的研究。图100 展示了研究中发现的果蝇的四组染色体基因都携带着哪些不同的特征。

图 100 中的图表是为果蝇制作的，为包括人类在内的更复杂的动物制作相同的图表当然也是做得到的，只不过这需要更仔细、更详尽的研究。

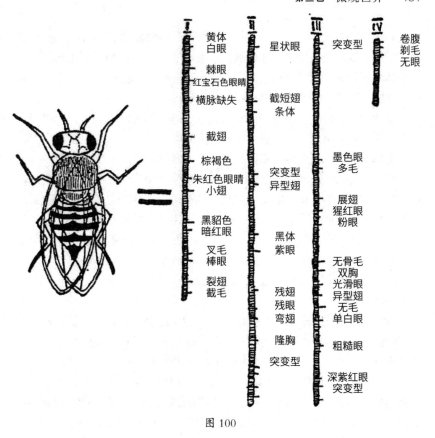

图 100

3. 基因是"活分子"

对生物极其复杂的结构进行分析后，我们似乎已经触碰到了生命的基本单位。事实上，我们已经了解到，成年生物体的整个发育过程以及所有特征都受控于隐藏在其细胞深处的一组基因——说所有的动植物都是"围绕"其基因"生长"也不为过。如果我们将基因与生命体之间的关系进行简化，就可以将其在物理层面比作原子核与大块无机物之间的关系。因为，物质的所有物理性质和化学性质实际上都可以简化为原子核的基本性质，而原子核的基本性质就是表示其电荷的数字。也就是说，带有 6 个正电荷的原子核外层一定围绕着 6 个电子，这样的结构使得这些原子倾向于排列成规则的六边形，并形成具有超高硬度和折射率的晶体，这就是钻石。同理，一组分别带有 29 个、16 个和 8 个电荷的原子核所形成的原子会结合在一起，形成硬度不高的蓝色晶体，即硫酸铜。当然了，任何晶体都不如最简单的生命体来得复杂，但晶体和生命体中都存在一种典型现象，即宏观组织的所有细枝末节都是由微观组织的中心决定的。

从玫瑰的香味到大象鼻子的形状，生物的所有性质都受控于这些组织中心，那么这些组织中心有多大呢？这个问题很容易回答，只需用正常染色体的体积除以它所包含的基因数量。根据显微观察，一条染色体的平均厚度约为千分之一毫米，也就是说它的体积约为 10^{-14} 立方厘米。同时，育种实验表明一条染色体须肩负多达几千种不同的遗传特性，直接对高倍放大的果蝇 [①] 染色体（插图 V）上的横向暗色条纹（可能是单个基因）进行计数也可以得出相同的数字。用染色体的总体积除以单个基因的数量，得出一个基因的体积不大于 10^{-17} 立方厘米。因为一个平均大小的原子的体积约为 $10^{-23}[\approx (2\times10^{-8})^3]$ 立方厘米，所以我们可以得出结论：单个基因含有大约 100 万个原子。

我们也可以估算出基因的总重量。以人类的身体为例，我们在前文中已经了解到，一个成年人是由大约 10^{14} 个细胞组成的，每个细胞中含有 48 条染色体。因此，人体内所有染色体的总体积约为 $10^{14}\times48\times10^{-14}\approx50$ 立方厘米，那么，（因为生物的密度与水的密度相当）它的重量一定小于两盎司。正是这些小到几乎可以忽略不计的"组织物质"在周身建立起了复杂的、信封一般层叠包裹且千万倍于其自身重量的动植物，也正是这些"组织物质"从"内核"里操控着生命体的每一步生长、每一个结构特征和大部分行为举止。

但是基因的本质是什么呢？我们将它看作一种可以继续细分为更小生物单位的复杂"动物"吗？答案绝对是否定的。基因是生命物质中的最小单位。而且，基因一方面具有所有区分生命体和非生命体的特性，另一方面，人们也非常确信基因和遵循普通化学定律的复杂分子（如蛋白质）亦有关联。

换句话说，基因似乎就是有机物质和无机物质之间缺失的那一环，也就是本章开篇时设想的"活分子"。

确实，考虑到基因一方面在成千上万代的传承中几乎准确无误地携带着某一种族的所有性质，而另一方面基因所含的原子数量又相对较少，我

[①] 正常大小的染色体过于微小，无法通过显微镜研究直接观察到单个的基因。

们会很自然地觉得基因是由原子或原子团对号入座、周密排列而成的。那么，不同基因的不同特性所引起的生命体之间的外在特征差异，就可以用基因结构中原子分布的差异来解释。

举个简单的例子，爆炸性材料 TNT（三硝基甲苯）在两次世界大战中发挥了重要的作用，一个 TNT 分子由 7 个碳原子、5 个氢原子、3 个氮原子和 6 个氧原子组成，这些原子的排列方式有以下三种：

这三种排列方式的不同之处在于 NO_2 基团与碳环的连接方式不同，这三种排列方式不同的物质通常被称为 α TNT、β TNT 和 γ TNT。这三种物质都可以在化学实验室合成。它们本质上都是爆炸性物质，但在密度、溶解度、熔点、爆破力等方面会有些微差别。使用化学标准方法，可以很容易地在一个分子中的不同连接点上移植 NO_2 基团，由此改变 TNT 分子的种类。这种例子在化学中比比皆是，且分子越大，所能产生的变体（同分异构体，isomeric form）就越多。

如果我们把基因看作是由 100 万个原子组成的一个巨大的分子，那么在分子中不同位置放置不同原子团的可能性就相当多了。

如果将基因想象成一条长链，那么上面连接着的周期性重复的原子团和其他各式各样的基团就像是手链上的吊坠一样。生物化学的近期发展也确实让我们得以绘制出遗传学中的吊坠手链的精确图示。它由碳原子、氮原子、磷原子、氧原子和氢原子组成，名为核糖核酸（ribonucleic acid）。

图 101 展示了一幅有点超现实主义的图片（省略了氮原子和氢原子），图中的遗传手链掌管新生儿眼睛的颜色。这四个吊坠说明婴儿的眼睛是灰色的。

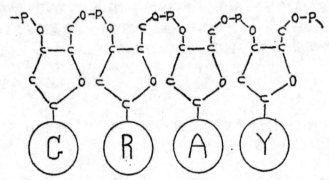

图 101　遗传学"吊坠手链"（核糖核酸分子）的一部分，掌管眼睛的颜色（高度简化示意图！）

调换不同吊坠的位置就能得到无数种不同排列。

因此，如果某条吊坠手链有 10 个不同吊坠，那么这些吊坠就有 $1 \times 2 \times 3 \times 4 \times 5 \times 6 \times 7 \times 8 \times 9 \times 10 = 362.88$ 万种不同排列方式。

如果这些吊坠中的某几个是相同的，那么可能的排列方式会更少。也就是说，如果只有 5 种吊坠（每种 2 个），那么就只有 11.34 万种不同的排列方式。但是，只要吊坠的总数增加，排列方式的可能性就会大大增加，比如，假设有 25 个吊坠，每 5 个为一个种类，那么可能的排列方式就有大约 6.233×10^5 亿种！

如此一来，有机分子长链上的"悬挂位"与不同"吊坠"之间的组合之多，足以覆盖所有已知生物物种，甚至可以拼凑出仅存在于我们想象中的动植物。

能够决定性质特征的吊坠沿着纤维状基因分子的分布会受到自发变化的影响，从而导致整个有机体中出现相应的宏观变化。常见的热运动就是导致这种自发变化的最常见原因，因为它能够使整个分子像强风中的树枝一样弯曲扭转。在充分的高温下，分子振动的剧烈程度足以将它们分解成单个组分——这一过程叫作热分解（见第八章）。但是，即便分子在较低的温度下能够保有其整体性，它的内部结构依然会在热振动的作用下发生变化。比如，分子可能在扭曲之中将原本连接在某一个位置的吊坠带到了另一个位置附近。那么在这种情况下，吊坠很可能会从原先的位置脱落，转移到新的连接点上。

这种现象叫作异构化（isomeric transformation）[1]，一些相对简单的分子的异构化反应在普通化学中是众所周知的知识，和所有其他化学反应一样，异构化反应也遵循化学动力学基本定律：温度每上升 10 摄氏度，反应速率约增加 2 倍。

就基因分子而言，它的结构如此复杂，很有可能在未来很长一段时间内，有机化学家们都要花费相当大的心力，目前还无法通过直接的化学分析方法证实同分异构变化。但是，从某种角度来说，有个方法可能比费力的化学分析有用得多：如果异构化发生在某个雄配子或雌配子中的某个基因中，那么雌雄配子结合后产生的新生物将准确不断地重复基因和细胞分裂，进而影响由此发育而来的动植物中某些易于观察的宏观特性。

事实上，遗传学研究最重要的成果之一是（1902 年由荷兰生物学家德弗里斯发现）：生物的自发遗传变化是以一种名为突变（mutation）的不连续转移的形式进行的。

让我们以前面提到的果蝇的育种实验为例。野生果蝇的身体是灰色的，翅膀很长——随便你什么时候在花园里捉一只，差不多都长这个样儿。但是，如果这些果蝇在实验室条件下代代繁殖，就会偶尔出现一种翅膀异常短且几乎通体黑色的特殊"畸形"果蝇（图 102）。

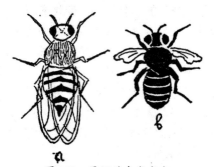

图 102　果蝇的自发突变

(a) 普通型：灰体，长翅

(b) 突变型：黑体，短翅（残翅）

---

[1] 前文已对术语"isomeric（意为同分异构的）"做出过解释，指的是由相同原子构成的但原子排列方式不同的分子。

而且，重要的是，在这一连串不断变化的传承中，除了短翅黑蝇，你可能不会发现其他处于极端例外（几乎通体黑色，翅膀非常短）和"正常"祖先之间的连续过渡变异体，也就是灰色深浅不一、翅膀长短不一的果蝇。一般来说，新一代的所有成员（可能有数百个！）都是差不多程度的灰色，翅膀长度也差不多，只有一个（或几个）是完全不同的。要么没有实质性的变化，要么就是天差地别的变化（突变）。在其他数百个案例中也观察到了类似的情况。也就是说，以色盲为例，它并不一定是遗传造成的，一定有婴儿生来就是色盲，而他的祖先都没有任何"过错"。果蝇断翅的情况就和人类色盲的情况一样，都是"非黑即白"的原则：这无关一个人辨别颜色的能力强弱——他要么看得出颜色，要么不能。

每个听说过查尔斯·达尔文（Charles Darwin）大名的人都知道，这些新一代特征的变化在"物竞天择，适者生存"的影响下，促成了物种进化的稳定发展[1]，这也是为什么20亿年前还是自然霸主的简单软体动物，如今已经进化成了具有高度智能的生物，甚至能够阅读并理解像本书这样复杂的著作。

从上述关于基因分子异构化的讨论来看，遗传性质的跳跃式变化是完全可以理解的。也就是说，如果基因分子中决定其性质的吊坠要改变位置，那它就得变得彻底——要么停留在原本的位置，要么转移到新的位置，从而导致生命体的性质出现不连续的变化。

"变异"源于基因分子的同分异构体变化的观点，在突变速率取决于动植物繁殖的环境温度这一发现上得到了强有力的印证。季莫费耶夫（Timoféeff）和齐莫（Zimmer）关于温度对突变速率影响的实验表明，（除了周围介质和其他因素造成的一些额外复杂性外），突变反应的速率和所有普通分子反应遵循同样的基本理化定律。这一重要发现促使马克斯·德尔布吕克（Max Delbrück）（以前是理论物理学家，现在是实验遗传学家）提出了他划时代的观点：基因突变这一生物现象与分子中的同分异构体变化是同一种纯粹的物理化学过程。

关于基因理论的物理基础还有数不尽的知识点可供讨论，尤其是 X 射线和其他辐射的诱导突变研究所提供的重要证据，但是，前面讲过的内容应该足以使读者明白：科学目前正在跨越那道名为"对生命的'神秘'现

---

[1] 达尔文经典理论中唯一被突变的发现所影响的观点是：促成进化的是不连续的跳变，而非达尔文所想的连续的小变化。

象进行纯物理解释"的门槛。

在结束这一章之前，我们必须再聊一聊病毒（virus）这种生物单位。病毒似乎代表着没有细胞围绕的自由基因。生物学家们直到最近才确信各种各样的细菌就是生命最简单的形式，它们是在动植物的活组织中生长繁殖的单细胞微生物，有时会引起各种不同的疾病。显微研究表明，伤寒是由一种特殊细长型细菌导致的，它大约长 3 微米（μ）[①]，宽 ½μ，而引发猩红热的细菌则是直径大约为 2 微米的球状细胞。但是，还有许多疾病中并没有出现能够被普通显微镜观察到的正常大小的细菌，比如人类的流感和烟草的花叶病。尽管这些特殊的疾病中并未出现细菌的身影，但众所周知，它们和所有其他普通疾病一样，能够以同样具有"传染性"的方式从病患体传播到健康体，并借由"感染"迅速蔓延到受感染体的全身，因此，我们必须假设这些特殊疾病中存在某种假设的生物载体，该载体就被命名为"病毒"。

但直到不久之前，（利用紫外线的）超显微技术——特别是电子显微镜（利用电子束而非普通光束获得更高的放大倍数）——面世后，微生物学家才第一次亲眼看到了过去不得见的病毒结构。

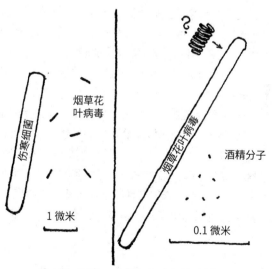

图 103 细菌、病毒和分子之间的对比

① 一微米等于千分之一毫米，也就是 0.0001 厘米。

人们发现，各种病毒都是大量单个粒子的集合，而这些大小完全相同的粒子要比普通细菌小得多（图 103）。流感病毒粒子是直径 0.1 微米的小球体，而烟草花叶病毒粒子则是 0.280 微米长，0.15 微米宽的细长条状。

插图 Ⅵ 是一张拍得很棒的烟草花叶病毒粒子的电子显微镜照片，它是已知生命单位中最小的存在。因为一个原子的直径大约是 0.0003 微米，所以烟草花叶病毒粒子的宽度等于 50 个原子的总宽度，长度等于大约 1000 个原子的总长度。总共不超过 200 万个原子！[1] 这个似曾相识的数字让我们想起单个基因中的原子数量，病毒粒子是"自由基因"的可能性也很大。自由基因不必非得附着在所谓的染色体上，也无需身陷相对臃肿的细胞质。

其实，病毒粒子的繁殖过程似乎与细胞分裂中染色体的复制过程完全相同：病毒粒子的整个身体纵向分裂，产生两个新的原尺寸病毒粒子。这显然就是最基础的繁殖过程（如图 91 中的虚构酒精分子增殖图所示），在这个过程中，位于复杂分子长链上的各种原子团从周围的介质中吸引类似的原子团，并将它们完全按照原始分子的模式排列。当排列完成时，已经成熟的新分子就会从原本的分子中脱离。事实上，对这些原始生物来说，常见的"生长"过程似乎并没发生，新的生物体只是"一块块"在旧生物体上堆砌而成。这就好像母亲的皮肤上直接长出了一个孩子，孩子完全长成男人或女人后从母体自行脱落，然后大步离开（虽然很想画一画这个场景，但作者忍住了冲动）。不用说，为了实现这种增殖过程，需要一种特殊的、部分有序的介质——也就是说，与自带细胞质的细菌不同，病毒粒子只能在其他生物体的细胞质中繁殖，而这些生物体通常对"食物"非常挑剔。

病毒的另一个共同特征是它们极易发生突变，而突变的个体会将新获得的特征通过熟悉的遗传学规律传递给它们的后代。事实上，生物学家已经能够区分同一病毒的几种遗传毒株，并追踪它们的"种族发展"。如果某种新型流感席卷了整个社区，那么它一定是由某种新的突变型流感病毒引起的，而人体尚未有机会对其新的恶性特征产生适当的免疫力。

在前面几页中，我们提出了一些强有力的论点，表明病毒颗粒一定是

---

[1] 形成病毒粒子的实际原子数量可能要比这少得多，因为它们很可能是空心的，由如图 101 所示的盘绕的分子链构成。如果我们假设烟草花叶病毒实际上是这种空心结构（如图 103 所示），那么各种原子团只存在于圆柱体的表面，因此，每个粒子所含的原子总数将减少到只剩几十万。当然，这个论点也适用于单个基因中的原子总数。

活体。现在，我们还能充满底气地说，这些粒子也一定是有规律的化学分子，遵循物理和化学的所有规律和法则。事实上，关于病毒材料的纯粹化学研究证实，病毒不仅完全可以被看作是化学化合物，而且可以用对待各种复杂有机化合物（但不是活物）的方式对待它，并且它遵循各种类型的置换反应。生物学家现在已经能够写出酒精、甘油或糖的分子式，相信轻而易举地写出每种病毒的结构化学式应该也只是时间问题了。更神奇的是，特定类型的病毒粒子完全是由同一个尺寸的原子构成的。

研究表明，病毒颗粒一旦失去了它们所生活的介质，就会自行排列成规律的普通晶体。比如，以所谓的"番茄丛矮病毒"（tomato bushy stunt）为例，它会结晶成巨大且美丽的菱形十二面体！你可以把这种晶体和长石、岩盐一起放进矿物柜中——但只要把它放回番茄植株，它就会变成一群活体。

最近，加州大学病毒研究所的海因茨·弗伦克尔·康拉特（Heinz frankel-conrat）和罗布利·威廉斯（Robley Williams）成功踏出了用无机材料合成生物体的至关重要的第一步。他们成功将烟草花叶病毒分成了两部分，每一部分都是相当复杂的无生命有机分子。那时人们早已知道烟草花叶病毒是由一群有序材料（称为核糖核酸）组成的长直链分子构成的，呈细长杆状（插图 VI），周围围绕着长链蛋白质分子，就像缠绕在电磁铁铁芯周围的线圈一样。通过使用各种化学试剂，弗伦克尔·康拉特和威廉斯成功地分解了烟草花叶病毒粒子，将核糖核酸从蛋白质分子中分离了出来，并且没有破坏任何一方。也就是说，他们获得了一试管的核糖核酸水溶液，和另外一试管的蛋白质分子溶液。电子显微镜照片显示，试管里除了这两种物质的分子外什么都没有，且完全没有任何生命的迹象。

但是，当这两种溶液放在一起时，核糖核酸分子就会开始结合成组，每组 24 个分子，而蛋白质分子开始缠绕在核糖核酸周围，形成与初始病毒微粒一模一样的复制品。如果将这些经过拆开重组的病毒粒子使用在烟草植株的叶子上，就导致该植株患上花叶病，根本看不出任何它们曾经被拆开过的迹象。当然，在上述例子中，试管中的两种化学成分是通过分解活病毒获得的。但是，生物化学家现在已经拥有了用普通化学元素合成核糖核酸和蛋白质分子的手段。虽然目前（1960 年）只能合成相对较短的核糖核酸和蛋白质分子，但毫无疑问，随着时间的推移，病毒中那么长的分子只需要简单的元素就能够合成。接着，把它们放在一起，人造病毒微粒就完成了。

第四卷

宏观世界

第十章　扩展视野

1. 地球及其邻居

现在，让我们结束在分子、原子和原子核国度的环游，回到大小更为常见的东西上，再次开展新的旅程。只不过这一次，我们要去相反的方向，向着太阳、星星、遥远的恒星云乃至宇宙的边界进发。和微观世界一样，科学在宏观世界方面的发展同样使我们越来越远离日常熟悉的事物，并逐渐开阔着我们的视野。

图 104　古人眼中的世界

在人类文明的早期阶段，被称为"宇宙"的东西小得可怜。那时的人们认为地球是一个巨大的圆盘，漂浮在环绕着它的世界海洋表面。下面是深不可测的水，上面是住着众神的天空。这个圆盘很大，足以容纳当时地理层面已知的所有陆地，包括地中海沿岸、欧洲和非洲的邻近部分，以及一小部分亚洲。地球圆盘的北侧边缘是一众高山屏障，每当夜晚降临，太阳在世界海洋的海平面上休息时，就隐匿在这些高山之后。图 104 相当准确地描述了古人们对世界的看法。但在公元前 3 世纪，有一个人对这种简单且已经被普遍接受的世界观提出了质疑。他就是著名的希腊哲学家（当时的人们这样称呼科学家）亚里士多德（Aristotle）。

亚里士多德在他的《论天》一书中提出了地球实则是个球体的理论，该理论指出地球的一部分被陆地覆盖，一部分被水覆盖，周围环绕着空气。他还提出了很多我们如今习以为常的论据来佐证他的观点。他指出，当船只逐渐消失在水平线下时，总是船体首先消失，而桅杆却似乎留在水面上，这证明了海洋的表面并非平面，而是弯曲的。他认为，月食一定是由于地球的影子遮住了月亮表面造成的，既然这个影子是圆形的，那么地球本身也一定是圆的。但那时鲜少有人相信他。人们无法理解，如果他所说的是真的，那些生活在地球另一侧的人（所谓的对跖点——对北半球来说就是澳大利亚人）怎么能头朝下走路却没有掉出地球？而且地球另一侧的水为什么不会流向那边的天空呢（图 105）？

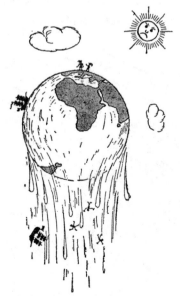

图 105 针对地球是球形的一种争论

你看，当时的人们并没有意识到物体之所以会掉落是因为受到了地球的吸引力。对他们来说，"上"和"下"是空间中的绝对方向，并且在任何地方都是相同的。在他们看来，绕过半个地球"上"和"下"就可以互变是一个极其疯狂的观点，就像今天很多人觉得爱因斯坦相对论中的诸多观点很疯狂一样。我们用地球引力解释重物的下落，而古人们则不同，他们认为重物之所以会向下落是因为万物都有向下运动的"自然趋势"，所以如果你冒险踏足地球的下半侧，就会向下掉进天空。反对的声音如此强烈，适应新思想又是如此困难，以至于到了15世纪，也就是亚里士多德的时代过去了将近两千年，许多书籍中仍然能看到这样的图片：对跖点的居民头朝下站在地球的"下半边"，嘲笑地球是球形这一观点。也许就连伟大的哥伦布本人在启程去探寻通往印度的"另一条路"时，也并非对自己的计划有十足的把握。当然了，由于他中途碰见了美洲大陆，他的计划并没能实现。直到著名的费尔南多·德·麦哲伦（Fernando de Magalhães）进行了环球航行之后，才彻底打消了关于地球是球形的最后一点疑虑。

当人们首次意识到地球是一个巨大的球体时，会很自然地发问：这个球体与当时世界上已知的部分相比有多大？但是，如果不进行一次环球旅行，又如何测量地球的大小呢？对古希腊的哲学家来说，这当然是不可行的。

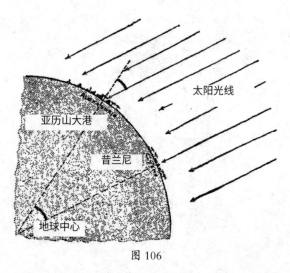

图 106

好吧，当时的著名科学家埃拉托色尼（Eratosthenes）确实发现了一种方法，埃拉托色尼在公元前三世纪住在当时还是希腊殖民地的埃及亚历山大港。尼罗河上游有一个名叫昔兰尼的城市，位于亚历山大港南边大约

5000 埃及视距的地方 ①，埃拉托色尼从昔兰尼的居民那里听说，春分时节，正午的太阳是悬挂在城市正上空的，所以垂直于地面的物体没有影子。而埃拉托色尼深知亚历山大港从来没有发生过这样的事情，亚历山大港春分时节的太阳已经超过天顶（正上方的点）7 度，也就是大约正圆的五十分之一。假设地球是圆的后，埃拉托色尼针对这一现象给出了一个简单易懂的解释，我们可以参照图 106 轻松理解。确实，因为这两个城市之间的地球表面是弯曲的，所以在昔兰尼垂直落下的太阳光线一定会以一定的角度照射在位于更北边的亚历山大港。我们还可以从图中看出，如果从地球中心画两条直线，一条经过亚历山大，一条经过昔兰尼，那么这两条线相交时的角度完全等于地球中心与亚历山大连线（即亚历山大的天顶方向）和垂直照在昔兰尼的太阳光线之间的角度。

因为这个角度约为整个地球的五十分之一，所以地球的周长应该约等于这两个城市之间距离的 50 倍，也就是 25 万视距。一个埃及视距约等于 1/10 英里，所以埃拉托色尼的计算结果是 2.5 万英里，也就是 4 万公里——非常接近我们现在测得的数值。

然而，对当时的人们来说，首次测量地球的重点并不在于所得结果的精确程度，而在于认识到地球是如此之大。为什么这么说呢？因为它的总面积一定比所有已知陆地面积大好几百倍！这是真的吗？如果是真的，在已知陆地的边界之外有什么？

说到天文距离，我们必须首先了解所谓的"视差位移"（parallactic displacement），或简称为"视差"（parallax）。这个词听起来可能挺唬人的，但它实际上是个非常简单又实用的东西。

为了了解视差，我们可以先尝试将一根线穿进针眼。试着闭上一只眼睛去做这件事，很快你就会发现这样无法成功——线的末端要么在针后面很远的位置，要么在针前面很靠近你的地方。单凭一只眼睛，你是无法判断针和线之间的距离的。但是同时用两只眼睛，你就能轻而易举地做到，至少能够轻松学会如何去做。当你用两只眼睛看物体时，你会自动将两只眼睛同时聚焦在物体上。物体离得越近，你的两只眼睛的视线也离得越近，这种调整所产生的肌肉感觉能够让你对距离有一个准确的概念。

---

① 位于如今的阿斯旺水坝附近。

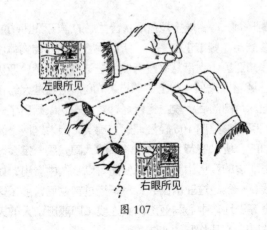

左眼所见

右眼所见

图 107

那么，如果你不是用两只眼睛看，而是先闭上一只眼睛看，然后换另一只眼睛看，你就会注意到物体（在本例中是针）相对于远处背景（比如，房间对面的窗户）的位置发生了变化。这种大家都很熟悉的效应就是视差位移——如果你从未听说过这个概念，试一试即可，或者看看图 107 所示的左右眼看到的针和窗户。因为物体越远，它的视差位移就越小，所以我们可以利用视差位移来测量距离。视差位移能够以弧度精确测量，所以比起依靠眼球的肌肉感觉粗略估计距离，这种方法更加精确。但是，由于我们的双眼在头上的距离只有 3 英寸左右，它们并不适合用于估算几英尺以外的距离——在观察更远的物体时，两眼视线的轴线几乎是平行的，视差位移会小到无法测量。为了估算更远的距离，我们需要将双眼之间的距离拉得更远，以此来增加视差位移的角度。不，你不需要动手术，用镜子就能完成这个戏法。

图 108

图 108 中展示了海军（在雷达发明之前）在战斗中测量敌方战舰距离的装置。该装置包括一根长管、双眼前的两面镜子（A、A'），以及位于长管相对两端的另外两面镜子 (B、B')。使用这样一台测距仪时，你实际上是在用一只眼睛从 B 端观察，而另一只眼睛从 B' 端观察。因此，你两眼之间的距离，也就是所谓的光学基线就大大增加了，你也就可以估算更长的距离了。当然了，海军不仅仅是依靠眼球肌肉的距离感觉。测距仪配备了特殊的装置和刻度盘，以最佳精度测量视差位移。

即使敌舰几乎消失在地平线之下，这些海军测距仪也能完美地工作，即便如此，如果要测量天体距离，哪怕是面对月球这种相对较近的天体，这些测距仪也会惨败而归。事实上，如果要观察到月亮相对于遥远恒星背景的视差位移，那么光学基线，也就是两眼之间的距离必须至少达到几百英里长。当然了，我们完全不需要真的造出一个一头在华盛顿、一头在纽约的光学装置，只需要于同一时刻在这两个城市各拍摄一张月亮及其周围恒星的照片。把这两张照片放进立体镜中，你就能看到月亮悬挂在恒星背景前。通过测量地球表面两个不同位置在同一瞬间拍下的月亮及其周围恒星的照片（图 109），天文学家发现，月球在地球表面两个对跖点上的视差位移为 1° 24' 5"，并由此得出地球表面到月球的距离等于地球直径的 30.14 倍，即 384 403 公里，也就是 238 857 英里。

图 109

根据以上观测到的地月距离和角直径，可以发现月球这颗卫星的直径大约是地球直径的四分之一。它的表面积只有地球表面的十六分之一，大约相当于非洲大陆的大小。

人们还可以用同样的方法测量地球表面到太阳的距离，因为太阳远得多，所以测量起来也困难得多。天文学家已经发现地日距离为 14945 万公里（9287 万英里），相当于地月距离的 385 倍。正是由于这一庞大的距离，太阳才会看起来和月亮一样大——实际上太阳要大得多，它的直径是地球直径的 109 倍。

如果太阳是一个大南瓜，那么地球就是一颗豌豆，月亮就是一颗种子，而纽约的帝国大厦就像我们在显微镜下能够看到的最小的细菌一样小。值得一提的是，古希腊时期的进步哲学家阿那克萨戈拉（Anaxagoras）仅仅因为传授了太阳是个和希腊一样大的火球，就被流放，还受到了死亡威胁！

天文学家们还能够用同样的方法估算太阳系中各个行星的距离。其中，最近刚发现冥王星是最远的，它离太阳的距离大约是地日距离的 40 倍——确切地说，是 36.68 亿英里。

2. 恒星星系

我们太空之旅的下一站将从行星转向恒星，视差法对于恒星同样适用。但是，即便最近的恒星也是如此遥远，以至于哪怕在地球上相距最远的观测点（地球的相对两侧），也无法观察到其在星空中的视差位移。不过，我们还有其他方法来测量这些庞大的距离。如果我们可以利用地球自身的尺寸测量地球公转轨道的大小，那么为什么不能利用该公转轨道的尺寸去计算恒星的距离呢？换句话说，如果从地球轨道的两端进行观测，是否就有可能观察到至少一些恒星的相对位移了呢？当然了，这么做意味着我们的两次观测必须相隔半年之久，但这又有何不可呢？

带着这种想法，德国天文学家贝塞尔（Bessel）于 1838 年开始对比时隔半年的两个夜晚观测到的恒星位置。起初，他的运气不太好——他想要观测的那颗恒星离得太远了，即使以地球公转轨道直径为基线，也看不出明显的视差位移。但是，看！有一颗恒星的位置和半年前有了偏差，这颗恒星就是天文星表中的"天鹅座 61"（天鹅座中的第 61 颗暗星）（图 110）。

又过了半年，这颗恒星又回到了原来的地方。可以确信，之前观察到的位置偏差确实是由视差效应引起的，贝塞尔也因此成了用标尺丈量星际空间的第一人。

实际上，贝塞尔观测到的天鹅座 61 在一年中的位移量很小 —— 只有 0.6 角秒[①]，如果你能看到 500 英里以外的话，这个视差弧度差不多就是 500 英里外的人的位移！但是天文仪器是非常精确的，即使是这样的小角度也可以精确测量。根据观测到的视差和已知地球轨道的直径，贝塞尔计算出了这颗恒星距离地球 1.03×10^{12} 公里，比地日距离远 69 万倍！你可能很难直观地感受到这个数字有多大。那么不妨回到我们之前的例子中，太阳是一个南瓜，地球是一个围绕它旋转的豌豆，它们之间的距离是 200 英尺，而那颗恒星和地球之间的距离相当于 3 万英里！

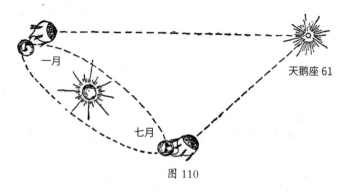

图 110

天文学中习惯用传播速度高达每秒 30 万千米的光走过特定距离的时间来表示庞大的距离。光绕地球一周只需要一秒钟，从月球到地球只需要一秒钟多一点，从太阳到地球大约需要 8 分钟。光从距离我们最近的宇宙邻居之一天鹅座 61 出发，需要大约 11 年之久才能到达地球。如果，由于某些宇宙灾难，天鹅座 61 不再闪耀，或者它突然因爆炸而大放光芒（对于恒星来说经常发生），我们就要等待 11 年，才能看到它穿越星际飞驰而来的爆炸闪光，燃尽生命为地球带来最新的宇宙消息：一颗恒星覆灭了。

贝塞尔根据我们与天鹅座 61 之间的测距结果计算出，这颗恒星在我们看来不过是夜幕中静静闪烁的一个微小光点，实际上是一个巨大的发光天体，它的尺寸只比辉煌的太阳小 30%，且亮度略低。这个发现首次直接证明了哥白尼（Copernicus）最初提出的革命性观点：我们的太阳不过是无

———————
[①] 更精确地说，是 0.6±0.06 角秒。

垠宇宙中相距甚远的无数恒星中的一颗而已。

自贝塞尔的发现以来，人们测量了许多恒星视差，并发现某些恒星比天鹅座 61 离我们更近，其中最近的是距离仅为 4.3 光年的半人马座阿尔法星（半人马座中最亮的恒星）。这颗恒星的大小和亮度都与我们的太阳十分相似。不过，大多数恒星离我们很远，远到用地球公转轨道直径作为基线也不足以测量它们的距离。

此外，不同恒星的大小和亮度差异很大，上有亮度很大的参宿四（距离地球 300 光年），它的尺寸和亮度分别是太阳的 400 倍及 3600 倍，下有不起眼的范马南星（距离地球 13 光年），它比地球还小（直径是地球直径的 75%），亮度相当于太阳的 1/10000。

现在，咱们来讨论一下如何数出所有的现存恒星这一重要问题。人们普遍相信，天上的星星是数不尽的。虽然很多观点确有其事，但这个却是完全错误的，或者说，至少对于肉眼可见的恒星来说是错误的。事实上，在两个半球能观察到的恒星总数大概只有 6000 到 7000 颗，由于这些恒星同一时间只有一半会出现在地平线之上，而且接近地平线的恒星的能见度会因为大气吸收作用而大幅降低，通常能被肉眼所见的恒星只有 2000 颗左右。也就是说，如果你努努力，每秒数 1 颗恒星，大概半小时就能全部数完了！

但是，如果使用双筒望远镜，你就能多数大约 5 万颗恒星，而改用 2.5 英寸的望远镜，就能多数大约 100 万颗恒星。要是你用的是加州威尔逊山天文台那台著名的 100 英寸望远镜，你应该可以看到差不多 5 亿颗恒星。这么多的星星，哪怕天文学家从黄昏到黎明不停地数，每秒数一颗也要花大约一个世纪才能全部数完！

当然了，根本没人试图用大型望远镜一颗一颗地数所有可见的恒星。恒星的总数量是通过记录天空中不同区域内实际可见的恒星数量，再将其平均值对应总面积算出的。

19 世纪著名的英国天文学家威廉·赫歇尔（William Herschel）用他自制的大型望远镜观测星空时惊讶地发现，大多数肉眼通常不可见的恒星出现在了一条横贯夜空的微弱发光带中，也就是银河。赫歇尔发现了一个重要的天文学事实：银河并非一团普通的星云，也不是一条散布在太空中的气体云层，而是由大量距离我们过于遥远而黯淡到无法靠肉眼单独辨识的恒星组成的。

通过使用功能越来越强大的望远镜，我们在银河中能够观察到的独立恒星越来越多，但绝大部分恒星仍然隐匿在朦胧的背景中。不过，如果你觉得银河内的恒星密度要比天空中其他区域的恒星密度大，可就错了。事实上，银河区域内的恒星之所以看起来比夜空中其他区域内的更多，并不是因为银河中的恒星分布密度更大，而是因为银河所处的方向上的恒星分布深度更大。在银河所处的方向上，恒星一直延伸到（用望远镜增强过的）目所能及的最远处，而在其他方向上，恒星的分布都没能延伸到视野尽头，因此比起恒星，我们看到的更多是空荡荡的夜空。

往银河的方向看，就好像是看着一片茂密深林，背景尽是连绵不绝的枝丫，而往其他方向就只能看到恒星之间一片片的空旷夜空，仿佛视线透过头顶上的枝叶后看到了蓝天那样。

也就是说，恒星宇宙是太空中的一片扁平区域，它在平行于银河的方向上极具延伸性，但在垂直于银河的方向上却相对稀薄，而我们的太阳只是恒星宇宙中一个微不足道的成员。

几代天文学家进行的更详细研究表明：我们这个恒星系统中包含大约400亿颗独立的恒星，分布在直径约10万光年、厚度约5000到1万光年的透镜状区域内。还有一项研究结果给了自负的人类一记耳光——我们的太阳根本不是这个巨大恒星体系的中心，而是在星系边缘。

我们试图在图111中向读者传达这个巨大的恒星星系的本来面目。对了，我们还没有提过，银河（Milky Way）更科学的名称叫作银河系（the Galaxy）。图111中的银河系尺寸被缩小到原来的 $1/10^{20}$，但代表独立恒星的点远远没有达到400亿个。

图111　一位天文学家正在观察缩小到 $1/10^{20}$ 的银河。
天文学家的头差不多位于我们的太阳所在的位置

　　组成银河系的庞大恒星群最典型的特征之一是，它们像我们的行星系统一样处于一种快速旋转的状态。正如金星、地球、木星和其他行星都沿着近乎圆形的轨道围绕太阳公转一样，构成银河系的数十亿颗恒星也围绕着所谓的银河中心运行。这个银河系中心位于人马座（射手座）方向，如果你观察银河在天空中朦胧的轮廓，其实可以注意到越靠近人马座，银河越宽，也就是说你看到的正是透镜形状中间较厚的那部分。（图111中的天文学家观测的就是这个方向）

　　银河中心是什么样子的？很可惜，答案不得而知，因为太空中由黑暗星际物质组成的厚重云层挡住了我们的视线。如果你望向银河中人马座所在的逐渐变宽的区域，会觉得这条神话中的天国之路分叉了，变成了两条"单行道"。但其实银河并没有真的分叉，我们这种错觉是由一团暗云导致的，这团暗云由星际尘埃和气体组成，正好悬挂在银河逐渐变宽的部分，将我们的视线和银河中心隔开了。因此，虽然银河系两侧的黑暗是因为它的两侧是空旷的夜空，但银河系当中那块黑暗区域却是因为那里有一块不透明的暗云。看起来仿佛存在于该黑暗中心内的几颗恒星其实位于其前方，介于我们和暗云之间。（图112）

图112　如果我们望向银河的中心，第一感觉会是：神话中的天国之路分成两条单行道

　　我们的太阳和数十亿恒星都围绕着神秘的银河系中心旋转，不能一睹它的真容着实令人遗憾。但是，通过观察其他恒星系统，以及远在银河系之外的分散星系，我们就能够对银河系的样貌有一个大致的了解。它并不是一颗超巨星，不像太阳统治太阳系那样制衡着银河系中的所有成员。人们研究过其他星系的中心部分（我们稍后会讲到）后发现，这些星系的中心也是由大量恒星组成，唯一的区别是，银河中心的星体可比像太阳系这

种游离在边缘的星系中的星体密集多了。如果我们把太阳系想象成一个君主制国家，其中太阳统治着所有行星，那么，银河系就可以被比作一个民主国家，其中某些成员占据较有影响力的核心位置，而其他成员则满足于社会边缘的更低微的职位。

如上所述，包括我们的太阳在内的所有恒星都围绕着银河系的中心旋转。那么，如何证明这一点呢？这些恒星公转轨道的半径是多少呢？公转一圈又需要多长时间呢？

通过将哥白尼观测太阳系行星系统的方法应用于观测银河系恒星系统，荷兰天文学家奥尔特（Oort）早在几十年前就对这些问题做出了解答。

首先，让我们回顾一下哥白尼的观点。包括古巴比伦人和古埃及人在内的很多先人都曾观测到，像土星或木星这样的大型行星似乎都会以一种相当奇特的方式划过天空。它们似乎会像太阳一样沿着椭圆形轨道前进，随后突然停止并倒退，退行一段时间后再次沿着最初的方向前进。图113的下半部分粗略展示了土星在大约两年的时间里的运动轨迹。（土星的完整公转周期为29年。）那时的宗教偏见认为地球是宇宙的中心，所有行星和太阳都绕着地球转动，所以，为了解释上述这种奇特的运动轨迹，当时的人们只能假设行星的运行轨道是有很多圈圈绕绕的十分奇特的形状。

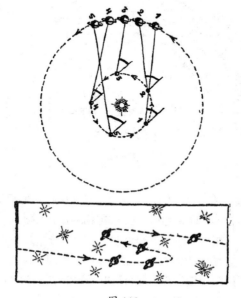

图 113

　　但聪明的哥白尼灵光一现，认为这种神秘的绕圈轨迹是因为地球和其他行星一样都按照简单的圆形轨道绕太阳旋转。研究一下图113上半部分的示意图，你就能轻松理解这种绕圈轨迹是如何形成的。

　　图中，太阳处于中心位置，地球（图中的小球）沿着较小的圆周运动，而土星（图中带环的球体）则按照与地球相同的运动方向沿着较大的圆周运动。数字1、2、3、4、5代表地球在一年中所处的五个不同位置，以及同一时期公转速度慢得多的土星所对应的位置。用直线连接不同的地球位置与其对应的土星位置后，我们不难看出，地球与土星的连线和与某颗固定恒星的连线形成的角度会先变大，再变小，然后再次变大。也就是说，看起来仿佛是在绕圈的轨迹并不是因为土星的运动有何奇怪之处，而是因为地球在运动，我们是在从不同的角度观测土星的运动。

　　图114也许可以帮助你理解奥尔特关于银河系旋转的观点。图114的下方是银河系中心（其中包罗万象，还有暗云！），在它的周围还有大量的恒星，遍布整张图片。图中的三个圆周代表离银河系中心不同距离的恒星绕中心旋转的轨道，位于中间那一层的圆周是我们的太阳所遵循的轨道。

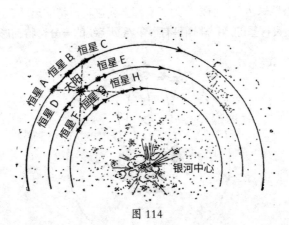

图 114

　　假设有八颗恒星（给它们画了点光芒以突出和其他点的区别），其中两颗沿着与太阳相同的轨道运行，但一颗略超前于太阳，一颗略落后于太阳，其他的几颗恒星位于较大或较小的轨道上，分布方式如图所示。有一点必须注意，根据万有引力定律（见第五章），外层轨道的恒星的运行速度会比太阳轨道上的恒星慢，而内层轨道的恒星的速度比太阳轨道上的恒星快（这点在图中以不同长度的箭头表示）。

如果从太阳或者地球上观察，这八颗恒星的运动轨迹是怎样的呢？这个问题中的运动轨迹指的是视线所及的轨迹，通过所谓的多普勒效应（Doppler effect）观察最方便。首先，很明显，那两颗和太阳处于同一条轨道上且运行速度相同的恒星（标记为 D 和 E）对于太阳（或地球）上的观察者来说是相对静止的。另外两颗恒星（B 和 G）和太阳位于同一条半径上，平行于太阳运动，所以对于太阳观察者的视线来说，也是相对静止的。

那么外层轨道上的 A 星和 C 星呢？由于它们都比太阳运行得慢，我们可以确定，A 星会远远落后于太阳，而 C 星也会逐渐被太阳追上，如图中所示。于是，太阳到 A 星的距离会增大，到 C 星的距离会减小，两颗星发出的光就会分别呈现红色和紫色多普勒效应。而对于内层轨道上的 F 星和 H 星，情况则正好相反，F 星一定会呈现紫色多普勒效应，H 星则会呈现红色多普勒效应。

假设上述现象完全是由恒星的圆周运动导致的，那么，我们不仅能够通过该圆周运动证实这一假设，还可以估算出恒星轨道的半径和恒星的运动速度。奥尔收集了漫天繁星的视运动观测资料，并证实了预期中的红紫多普勒效应确实存在，由此证明了银河系的自转。

同理还可以证明，银河系自转会影响垂直于视线的恒星的视速度。虽然速度这一分量的精确测量极其困难（因为对于遥远的恒星来说，即使它的线速度非常大，对应到天球上的角位移也是非常小的），但是奥尔特和其他人还是观测到了这种影响。

通过精确测量恒星运动的奥尔特效应，人们现在已经能够测量恒星的轨道及其公转周期。利用这种运算方法可知，以射手座为中心的太阳轨道半径为 3 万光年，约为整个银河系最外层轨道半径的 2/3。太阳绕银河系中心转一圈所需的时间大约是 2 亿年。这虽然是一段很长的时间，但我们的恒星系统毕竟已有大约 50 亿年的历史了，所以，我们可以得出，在太阳系的整个生命周期中，太阳及其家族内的行星已经完成了大约 20 次公转。如果我们将太阳的自转周期相对于地球年这个术语称为"太阳年"，那么可以说，我们的宇宙只有 20 岁。事实上，在恒星的世界里，事情确实都发生得很慢，所以对于宇宙历史而言，太阳年倒是一个相当方便的时间测量单位！

3. 向着未知的极限前进

我们在前文中提到，银河系并不是漂浮在浩瀚宇宙中的唯一星系。望远镜观测表明，在遥远的太空中，存在着许多与我们的银河系十分类似的巨大恒星群。其中，离我们最近的是著名的仙女星系，用肉眼就能观察到。在我们看来，仙女星系是一朵小小的、散发着微弱光辉的、形状十分细长的星云。插图 VIIA 和 VIIB 展示的是两张通过威尔逊山天文台的大型望远镜拍摄的天体照片，分别是后发座星云的侧视图和大熊座星云的俯视图。从照片中我们可以看出，就像我们的银河系具有透镜形状一样，这些星云具有典型的螺旋结构，因此得名"螺旋星系"。有许多迹象表明，银河系也具有类似的螺旋结构，只是当你身处其中时，很难确定结构的形状。事实上，我们的太阳极有可能位于"银河系大星云"的一个旋臂（spiral arm）的末端。

很长一段时间以来，天文学家并没有意识到这些螺旋状星云就是和银河系相仿的巨大恒星系统，而是将它们与普通的弥漫星云（diffuse nebula）混淆了，比如猎户座的弥漫星云，它其实是由漂浮在银河系内恒星之间的星际尘埃形成的巨大云团。后来，人们才发现，这些雾蒙蒙的螺旋形物体根本就不是雾，而是由独立的恒星组成的，如果使用最大倍数将其放大，就会发现代表这些恒星的单个小点。只是它们太过遥远，无法通过视差法测量它们的实际距离。

这么看来，我们测量天体距离的手段似乎已经用尽了。并不是！每当我们在科学上碰到无法克服的困难时，停滞都只是暂时的——总会发生一些事情，让我们走得更远。而对于天体距离测量手段这件事来说，哈佛大学的天文学家哈罗·沙普利（Harlow Shapley）在所谓的脉动变星（也称造父变星）[①] 中发现了一种全新的"测量标尺"。

恒星和恒星之间也是有差别的。虽然大多数恒星都在天空中安静地发光，但也有少数恒星按照规律的间隔周期不断地改变它们的亮度，从亮到暗，再从暗到亮。这些巨大的恒星天体像心脏一样进行规律的脉动，并且随着这种脉动周期性地改变其亮度。[②] 恒星越大，其脉动周期就越长，就像

---

① 以仙王座 β 星命名，人们正是在那里首次发现了脉动现象。

② 别把这些脉动变星与所谓的食变星（eclipsing variable）搞混了，食变星指的是两颗围绕彼此旋转并周期性发生相互掩食的双星系统。

长钟摆的摆动周期比短钟摆更长一样。非常小的恒星（所有恒星中最小的）的脉动周期只有几小时，而那些庞然大物则需要很多年才能完成一次脉动。既然越大的恒星越亮，那么，在恒星的脉动周期和恒星的平均亮度之间势必存在某种关联。想要证实这种关联，可以挑选离我们足够近、距离和实际亮度都能直接测量的造父变星进行观测。

也就是说，如果你发现了一颗超出视差量程的脉冲变星，只要通过望远镜观察其脉冲周期的时长即可。知道了脉冲周期，你就能知道它的实际亮度，将实际亮度与视觉亮度进行比较，就能轻松得出它与我们之间的距离。利用这个巧妙的方法，沙普利成功测量了银河中某些遥远的距离；而且，该方法还能估算银河系的基本尺寸。

沙普利用同样的方法测量了仙女星系中的几颗脉动变星的距离，结果让他大吃一惊。地球到这些恒星的距离，也就是到仙女星系的距离是 170 万光年——这比银河系恒星系统的估算直径要大得多。而仙女星系的大小只比银河系小一点。插图 VII 展示的两个螺旋星系离我们更远，它们的直径与仙女星系差不多。

这一发现彻底推翻了先前的假设，螺旋星云并不是银河系中的"小东西"，而是与我们的银河系十分相似的独立恒星星系。如今，没有哪个天文学家会怀疑，如果观察者置身于仙女星系数十亿颗恒星中的某颗，银河系之于他们就好像仙女星系之于我们一样。

得益于威尔逊天文台的著名星系观测家 E. 哈勃（Hubble）博士发现的诸多有趣且重要的事实，我们对这些遥远的恒星社会的研究又进了一步。首先，用好的望远镜观察星系后，人们发现，其中所含的恒星数量远超肉眼可见的恒星数量，且星系的形态各有不同，并非都是螺旋形。它们中有些是普通圆盘形、边界呈扩散状的圆形星系（spherical galaxy）；有些是拉伸程度不同的椭圆星系（elliptical galaxy）。螺旋星系彼此之间也因"缠绕的紧密程度"不同而不同。还有一些非常奇特的形状被称为"棒旋"。

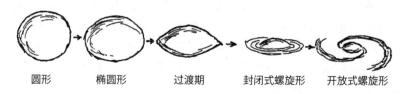

圆形　　　椭圆形　　　过渡期　　　封闭式螺旋形　　开放式螺旋形

图 115　普通星系演化的各个阶段

所有观测到的星系形状都可以按照一种规则的顺序排列（图 115），这一点极其重要，因为这很有可能对应着这些巨大恒星社会的不同演化阶段。

虽然我们对银河系演化的细节还知之甚少，但它很可能是由一种不断收缩的过程形成的。众所周知，如果一个充气球体缓慢地旋转，它就会稳定地收缩并加速旋转，且它的形状会变成扁平的椭球体。当收缩进行到某一阶段，极半径与赤道半径之比达到 7/10 时，旋转的物体势必呈现凸透镜状，并在赤道沿途出现锐利的边缘。若收缩进一步进行，透镜形状会保持完整，但是旋转物体中的气体会开始沿着锐利的赤道边缘流向周围的空间，导致赤道平面上出现一层稀薄的气体。

上述关于旋转气体球的观点已被著名英国物理学家兼天文学家詹姆斯·金斯爵士（Sir James Jeans）用数学方法证实，并且可以直接应用于名为星系的巨型星云。事实上，我们可以把包含数十亿颗恒星的星云看作一团气体，只不过担任气体分子一角的是每颗独立恒星。

通过比较金斯的理论计算和哈勃对于星系的经验分类，我们会发现，这些巨大的恒星社会完全遵循理论中所描述的演化过程。特别是，当我们首次注意到赤道边缘开始锋利化时，恰好是椭圆星系的形状最细长的时候，其半径比正好是 7/10（E7 次型）。演化后期的螺旋形状显然是由快速旋转所喷射出的物质形成的，但是直到现在，我们依然无法完美地解释这些螺旋结构为什么会形成、如何形成，以及是什么原因造就了普通螺旋结构和棒旋结构之间的区别。

关于星系社会中不同部分的结构、运动模式和恒星组成，我们还需要进一步研究。比如，前几年，威尔逊山的天文学家 W. 巴德（W. Baade）观测到一个非常有趣的结果：虽然组成螺旋星系的中心部分（核球）的恒星和组成圆形和椭圆星系的同属一种类型，但是组成旋臂的恒星却相当不同。这种"旋臂"中的恒星种类与中心区域的不同，其中某些恒星异常灼热且明亮，这就是所谓的"蓝巨星"，而中心区域以及球形和椭圆星系中都没有这种恒星。我们会在后文中（第十一章）了解到，蓝巨星很可能就是刚刚成形的恒星，因此我们有理由假设，螺旋星系的旋臂就是新恒星诞生的地方。可以想象，某个正在收缩的椭圆星系从赤道隆起处放出大量初始气体物质，这些物质进入寒冷的星际空间，凝结成独立的大团块，并在后续的收缩中变得灼热且明亮。

我们将在第十一章中再次回到恒星诞生和生命的问题上来，但是现在我们要研究的是各个星系在浩瀚宇宙中的分布模式。

　　首先，必须声明，利用脉动变星测量距离的方法虽然适用于银河系的众多邻近星系，但一旦我们进入宇宙深处，这个方法就不好用了，因为在那样遥远的距离下，即使是用最好的望远镜，星系看起来也不过是微小的细长星云，更别说分清其中的每一颗恒星了。到达这样的距离后，我们只能以视觉尺寸为基准，因为不同于恒星，所有特定类型的星系大小都差不多。如果你已经知道所有人的身高都差不太多——既没有巨人，也没有侏儒——那么你就一定能够通过观察某个人的身高来判断他离你的距离。

　　哈勃博士用这种估算遥远星系距离的方法证明了只要是眼睛（借助最大功率的望远镜）能看得到的星系，差不多都是均匀分布在宇宙中的。之所以说"差不多"，是因为常常出现数千个星系聚成一大群的情况，就像独立的恒星聚集成星系那样。

　　我们的银河系所处的星系群显然相对较小，其成员包括三个螺旋星系（包括银河系和仙女星系）、六个椭圆星系和四个不规则星系（其中两个是麦哲伦星系）。

　　不过，除了这种偶发的星系团，帕罗玛山天文台上的 200 英寸望远镜观测到的其他星系都相当均匀地分布在宇宙中，延绵高达 10 亿光年。两个相邻星系之间的平均距离约为 500 万光年，宇宙的可见地平上包含了大约几十亿个独立的恒星世界！

　　回到我们用了好几遍的比喻中：帝国大厦是一个细菌，地球是一颗豌豆，太阳是一个南瓜，星系可能就是由数十亿分布在木星轨道之内的南瓜组成的许多巨大的南瓜群，其中每个南瓜群呈圆形分布，半径仅略小于其到最近恒星的距离。想要找到适合宇宙距离的比例尺实在是难之又难，因此，即使我们把地球看作一颗豌豆，宇宙的大小依然是天文数字！我们试图通过图 116 帮助你理解天文学家们是如何一步一步地探索宇宙距离的。从地球到月球、太阳、其他恒星、遥远的星系，乃至那未知的极限。

　　现在，我们可以回答有关宇宙大小的基本问题了。我们应该将宇宙看作是无限延伸的吗？只要有更大更好的望远镜，天文学家们探寻的双眼就总能找到迄今尚未被发掘的新宇宙空间吗？还是说恰恰相反，我们必须相信宇宙虽然庞大但终有极限，理论上来说，总有一天，所有的星星都会露出庐山真面目？

　　当然，当我们说起宇宙的"尺寸有限"，我们的意思并不是指太空探险者会在数十亿光年之外的某个地方遇到一堵光秃秃的墙，上面贴着"请勿擅闯"的告示。

其实，我们在第三章就已经了解，有限空间并不一定有实质的边界。这个空间可以简单地弯曲并"自行封闭"，这样一来，如果某个太空探险者试图驾驶火箭飞船笔直飞行，他将会沿着该空间的某条测地线绕回起始点。

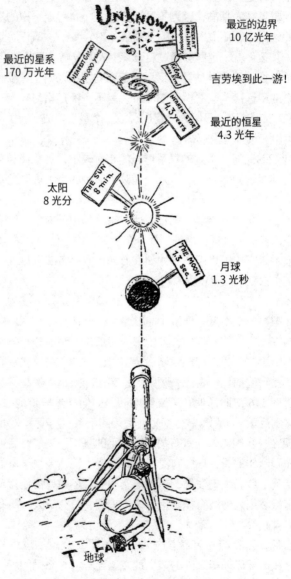

图 116　宇宙探索的里程碑，距离以光年计

这就好像古希腊某位探险家，从家乡雅典向西出发去旅行，长途跋涉后又回到了雅典城的东门。

测量地球表面的曲率不需要环游世界，只需研究地球一小部分的几何结构，同理，现有的望远镜量程也足以测量宇宙三维空间的曲率。我们在第五章中提到过，必须正确区分两种曲率：正曲率对应有限体积的封闭空间，负曲率对应于无限的鞍形开放空间（见图42）。这两种空间的区别在于，在封闭空间中，在距离观察者一定距离内，均匀分散的物体数量的增长速度比该距离的幂增加得慢，而在开放空间中则相反。

在我们的宇宙中，"均匀分散的物体"这一角色是由各个星系扮演的，因此，为了解决宇宙曲率问题，我们需要数出离我们不同距离的独立星系的数量。

哈勃博士其实已经完成此计数任务，他发现星系的数量似乎比距离的幂增长得更慢，从而证明宇宙的曲率为正，即宇宙是一个有限空间。但是，需要注意的是，哈勃当时穷尽了威尔逊山的100英寸望远镜所观察到的结果依然不够明显。最近，人们又用帕罗玛山的新型200英寸反射式望远镜进行了观测，但并没能给这个重要的问题带来什么新的启发。

宇宙有限性的观点迟迟得不到定论还有一个原因：遥远星系的距离测量完全依赖于它们的视亮度（平方反比定律）。这种方法假设所有星系都具有相同的平均亮度，但如果个别星系的亮度会随时间而变化，就有可能导致亮度取决于星系年龄的错误结果。事实上，通过帕罗玛山望远镜观测到的最遥远的星系在10亿光年之外，也就是说，我们所看到的星系仍是它们10亿年前的状态。如果星系会随着年龄的增长而逐渐暗淡（可能是因为有些恒星的消亡导致了恒星数量减少），那么哈勃得出的结论就必须做出更正。事实上，在10亿年（仅占其总年龄的七分之一）的过程中，哪怕星系亮度只有微小的变化，也会推翻当下的宇宙有限论。

所以，要想证明宇宙是否有限，还有许多工作在等着我们。

第十一章 创世日

1. 行星的诞生

对生活在七大洲（感谢海军上将伯德探索南极洲）上的我们来说，"坚实的大地"几乎就是稳定和永恒的同义词。对我们来说，地球表面的大陆海洋和山川河流这些熟悉的特征好像从最初就一直存在。这想法倒也没错，只不过地质方面的历史资料表明，地球表面一直处在变化中，大陆的大片区域可能会被海水淹没，而原本在水下的部分也可能会浮出水面。

我们也知道，古老的山脉正逐渐被雨水的冲刷磨平棱角，同时，地壳运动也会时不时拱起新的山脊，但这些变化都只是地球固体地壳的变化。

但是，不难看出，这种固体地壳一定不是一开始就存在的，地球在某个时期一定还是一个由熔化的岩石组成的发光球体。事实上，人们对地球的内部进行研究后发现，地球的大部分仍然处于熔融状态，而我们随意称之为"坚实的大地"的东西实际上只是漂浮在熔融岩浆表面的一块相对较薄的地皮。得出这个结论最简单方法就是记住每深入地球表面下 1 公里，温度就会上升 30 摄氏度（或每增加 1000 英尺，温度上升 16 华氏度），比如，世界上最深的矿[①]（南非罗宾逊深矿的金矿）的墙壁热到必须安装空调，否则矿工会被活活烤死。

按照这样的升温速度，地表下仅 50 公里处的温度就达到岩石熔点了（1200 摄氏度到 1800 摄氏度之间），这个距离还不到地表和地心之间距离的百分之一。地球超过 97% 的体积是由深于地表下 50 公里的物质构成的，而这些物质毫无疑问处于完全熔融状态。

很明显，这种熔融状态不是永恒的，很久以前地球从一个完全熔融的状态开始逐渐冷却，这个过程现在仍在继续，并且终有一天会在整个地球完全固化后停止。粗略估计了固体地壳的冷却和生长速度后，人们发现，该冷却过程至少已经进行了几十亿年了。

如果估算地壳中岩石的年龄，也会得出相同的数字。虽然岩石乍一看没什么变化性的特征，因此才有"坚如磐石"这种说法，但是岩石中其实藏着一种天然时钟，经验丰富的地质学家可以从中看出岩石从熔融状态凝

---

① 现在已经不是最深的了。姆波尼格金矿约有 4000 米深。

固后经过了多长时间。

这个暴露年龄的地质时钟就是微量的铀和钍，铀和钍通常存在于地表和地球内部不同深度的各种岩石中。我们在第七章中曾经讲过，这些元素的原子会受到缓慢的自发放射性衰变的影响，并最终形成稳定的铅元素。

想要确定含有这些放射性元素的岩石的年龄，只需测量几个世纪以来由于放射性衰变而积累的铅的数量即可。

如果形成岩石的物质依然处于熔融状态，放射性衰变的产物会通过熔融物质中的扩散和对流过程逐渐远离它生成的位置。但一旦这种物质凝固成岩石，铅和放射性元素就会开始积累，从而确切告诉我们岩石的年龄，这就好像敌军间谍可以从太平洋岛屿上散落在棕榈树下的空啤酒罐数量判断出海军陆战队驻扎的时间。

通过最近的技术改良，人们得以精确测量岩石中积累的铅同位素和其他由衰变产生的不稳定化学同位素，如铷 87 和钾 40，根据测量结果估计，最古老岩石的年龄高达 45 亿年。因此，我们得出结论：地球的固体地壳必定是由大约 50 亿年前仍处于熔融状态的物质形成的。

也就是说，我们可以将 50 亿年前的地球想象成一个完全处于熔融状态的球体，周围环绕着厚厚的大气层和水蒸气，可能还有其他某些极易挥发的物质。

这团炽热的宇宙物质是如何形成的？是什么样的力量导致了它的形成？又是谁为它的形成提供了材料？这些有关地球以及太阳系所有行星起源的问题，就是宇宙学（Cosmogony）（宇宙起源的理论）的基本研究内容，这些谜题好几个世纪以来一直占据着天文学家的大脑。

1749 年，著名的法国博物学家布封伯爵在其长达 44 卷的《自然史》（Natural History）中的一卷中回答了这些问题，这也是第一次有人尝试用科学方法回答这些问题。布封认为，太阳系行星系统的起源是太阳与来自星际空间深处的一颗彗星碰撞的结果。布封的想象生动地描绘了一幅拖着明亮的长尾巴掠过太阳的"扫把星"图，这时，我们的太阳还是孤家寡人，彗星从太阳巨大的身躯上撕下了许多小"水滴"，这些"水滴"在撞击力下旋转着进入了太空并开始自转（图 117a）。

几十年后，德国著名哲学家康德针对太阳系的起源提出了完全不同的观点，他认为太阳完全是自己一手建造了太阳系，没有受到任何其他天体的干预。康德把太阳的早期形态想象成一团巨大的、相对较冷的气体，体积和如今的太阳系一样大，并沿着其自转轴旋转。球体通过向周围空间辐射而稳定冷却，这必然导致其逐渐收缩，同时提高转速。自传产生的离心力不断增加，势必会导致初始的气态太阳逐渐扁平化，并沿着其赤道的延伸面喷射出一系列气体环（图 117b）。普拉托（Plateau）的经典实验可以证明旋转的物体确实可以形成这种环，该实验让一个大油珠（不像太阳是气态的）悬浮在某种与油的密度相同的液体中，并通过某种辅助机械装置使其快速旋转，当旋转速度超过某一极限时，油珠就会开始在自身周围形成油圈。康德认为这样形成的环状物会最终破裂并凝结成在不同距离围绕太阳旋转的行星。

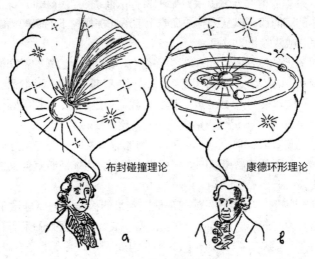

布封碰撞理论　　　　康德环形理论

图 117　宇宙学中的两个学派

后来，著名的法国数学家拉普拉斯侯爵采纳并发展了这些观点，并通过他在 1796 年出版的《宇宙体系论》（*Exposition du système du monde*）一书公之于众。虽然拉普拉斯是位伟大的数学家，但他并没有试图用数学方法对待这些观点，而是以一种较为通俗的定性方法加以探讨。

六十年后，英国物理学家克拉克·麦克斯韦（Clerk Maxwell）首次尝试用数学方法研究康德和拉普拉斯的宇宙学观点，但他却撞上了一堵不可逾越的矛盾之墙。康德和拉普拉斯的观点认为如今太阳系中的行星是由最初均匀散布在整个太阳系中的熔融物质形成的，但是，如果这些物质真的遍布整个太阳系，那它们将无比稀薄，以至于它们的重力绝无可能使其凝聚成独立的行星。因此，收缩中的太阳喷出的圆环将永远和土星环一样

——由无数环绕其做圆周运动的小颗粒组成，但这些小颗粒丝毫没有任何"凝聚"成一颗固体卫星的趋势。

要想解决这个难题，只能假设太阳的初始质量远远大于（至少 100 倍）如今太阳系中行星的质量，而且该质量中的绝大部分都留在太阳中，只有约 1% 形成了行星。

然而，这种假设又会导致另一个同样严重的问题。如果太阳的质量真的这么大，而这些质量在初始之时的转速又必然和行星相同，那么这些质量传达给太阳的角速度势必会比它的实际角速度大 5000 倍。这样的话，太阳每小时就会转 7 圈，而不是像现在这样大约 4 周转 1 圈。

这些研究结果似乎判了康德 - 拉普拉斯观点死刑，天文学家只好将希望的目光转向别处，于是，在美国科学家 T. C. 钱柏林（T. C. Chamberlin）和 F. R. 莫尔顿（F. R. Moulton）以及著名英国科学家詹姆斯·金斯爵士的研究下，布封碰撞理论又复活了。当然，因为自布封观点面世以来，人们已经获得一些重要认知，所以布封的原始观点已经得到了相当程度的现代化。认为与太阳相撞的天体是一颗彗星的观点已经过时了，彗星的质量即便跟月球相比也是微不足道的。如今人们认为这个撞了太阳的天体是另一颗大小和质量与太阳不相上下的恒星。

虽然重生的碰撞理论在当时似乎是摆脱康德 - 拉普拉斯假说矛盾的唯一途径，但是碰撞理论自己的路走得也是磕磕绊绊。人们很难理解，为什么另一颗恒星猛烈撞击太阳后抛出的碎片，以及它后续形成的行星都会遵循近乎正圆形的轨道运动，而不是椭圆形轨道。

为了解释这一点，必须假设恒星撞击太阳形成行星时，太阳正被一团均匀旋转的气体包裹，这有助于把原本椭圆的行星轨道变成正圆形。因为目前行星所处的区域中并没有发现这种介质，所以人们假定它后来逐渐消散在了星际空间中，只有太阳黄道面上名为黄道光（Zodiacal Light）的微弱亮光昭示着它逝去的荣光。但是这个综合了康德—拉普拉斯假设中初始太阳气态包膜和布封碰撞假设的观点并不能令人满意。不过，老话说得好，两害相权取其轻，碰撞假说也因此被认为是行星系统起源的正确解释并沿用至不久之前的所有科学专著、教科书和通俗文学中（包括作者的两本书《太阳的诞生和死亡》《地球传记》）。

直到 1943 年秋，年轻的德国物理学家 C. 魏茨泽克（Weizsacker）才解开了行星理论的难题。魏茨泽克利用天体物理学研究最近收集的新信息，证明了之前所有对于康德 - 拉普拉斯假设的反对都可以轻松排除，然后，沿着该假设继续探索，就可以建立一个详细的行星起源理论，该理论能够解释行星系统许多甚至从未被旧理论触及的重要特征。

魏茨泽克研究的重点在于，天体物理学家对于宇宙物质的化学构造的看法已经在过去的几十年里发生了翻天覆地的变化。在此之前，人们普遍认为，太阳和其他恒星都是由我们从地球上了解到的相同比例的化学元素构成的。地球化学分析表明地球主要由氧（存在于各种氧化物中）、硅、铁和少量其他较重的元素组成。如氢和氦（以及其他稀有气体，如氖、氩等）这类轻气体在地球上的数量很少。[①] 因为没什么更好的证据，所以之前天文学家们认为这些稀有气体在太阳和其他恒星中也非常罕见。然而，对恒星结构进行了更详细的理论研究后，丹麦天体物理学家 B. 斯特伦格仑（Strömgren）得出结论：这样的假设大错特错，其实，构成太阳的物质中至少有 35% 是纯氢。后来，这一估值增加到 50% 以上，并进一步确定了构成太阳的其他成分中有相当大一部分是纯氦。对太阳内部的理论研究 [最近正因为 M. 史瓦西（Schwartzschild）的重要研究而呈现白热化]，以及对太阳表面更精细的光谱分析，都将天体物理学家引向了一个惊人的结论：构成整个地球的普通化学元素大约只占太阳质量的 1%，其余的 99% 几乎由氢和氦平分，其中氢的占比稍微高一些。这个分析结果似乎也适用于其他恒星结构。

此外，星际空间也算不上空旷，因为它充斥着密度约为每 100 万立方英里 1 毫克的气体和粉尘混合物，这种连绵不绝且非常稀薄的物质的化学组成似乎和太阳及其他恒星的相同。

尽管这种星际物质的密度极低，但证明它的存在却很容易，因为在遥远恒星的光在太空中穿越数 10 万光年来到我们的望远镜中，被我们看到之前，这些星际物质会对其产生明显的选择性吸收。这些"星际吸收线"的强度和位置能够让我们很好地估算出星际物质的密度，并证明它几乎完全由氢或氦组成。而这种由各种"类地"小颗粒（直径约为 0.001 毫米）物质形成的尘埃，只占最初太阳总质量的 1% 不到。

回到魏茨泽克理论的基本思想，可以说，这个理论中关于宇宙物质化学组成的新知识，为康德—拉普拉斯假说提供了有力的直接证据。也就是说，如果包裹太阳的原始气体由这类物质组成，那么其中只有很小一部分

①　氢在我们的星球上的主要存在形式是和氧结合成水。但是众所周知，尽管水覆盖了地球表面的四分之三，但水的总质量依然远远小于整个地球的质量。

较重的"地球"元素可以用来建造我们的地球和其他行星。剩下的无法凝结成固体的氢气和氦气，要么是落入太阳了，要么是分散到周围的星际空间中去了。上文解释过，如果它们落入太阳了，太阳的自转速度会过快，因此我们不得不接受另一种可能性，即气态的"多余物质"在"地球"元素形成行星后不久就分散到太空中了。

　　上述假设可以由下图中的行星系统形成过程表示。当星际物质最初凝结形成太阳时（见下一节），其中很大一部分仍然松散地留在太阳外层，形成一个巨大的不断旋转的包层，这个包层的质量大约是目前太阳系行星总质量的100倍（观察凝结成初始太阳的星际气体不同部分的旋转状态，就能轻松确定这种现象出现的原因）。你可以想象这个快速旋转的包层由不凝性气体（氢、氦和少量其他气体）构成，其中漂浮着各种类地物质的尘埃粒子（如氧化铁、硅化合物、水滴和冰晶），它们随着不凝性气体的旋转而移动。大团的"地球"物质——也就是行星——的形成，一定是由于尘埃粒子之间的相互碰撞，逐渐聚集成越来越大的天体。在图118中，我们展示了这种相互碰撞的结果，这种碰撞的速度必然与陨石的速度相当。

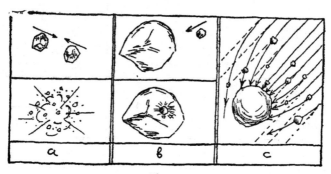

图 118

　　根据逻辑推理，我们一定会得出这样的结论：在这样的速度下，两个质量相等的物质碰撞会导致它们粉碎（图118a），这个过程不会生成更大块的物质，反倒是摧毁了大块物质。但是，如果一个小型物质与一个大得多的物质相撞（图118b），它就一定会钻进较大的物体中，后者也会因此形成一个更大的新物质团。

　　显然，在这两个过程中，较小的粒子会逐渐聚集成更大的物体并消失。因为较大的团块会吸引经过的较小粒子，将其吞并以助自身成长。如

图 118 c 所示，大物质团的捕获效率会大大提高。

魏茨泽克证明了，最初散布在现有行星系统所在区域内的细微尘埃，一定是在大约 1 亿年的时间中聚集成了几个大物质团并形成了行星。

只要行星在围绕太阳运行的过程中不断吸收大小不一的宇宙物质团块，它的表面就一定会因为其不断受到新材料的轰击而保持高温。但是很快，随着恒星尘埃、小石子或更大石块的用尽，行星会停止成长，其外层新生成的天体必然会因为热量辐射到星际空间中而迅速冷却并形成固体地壳，并随着内部的持续冷却而缓慢增厚。

还有一个难题是所有行星起源理论都必须攻克的，也就是支配着不同行星到太阳距离的特殊规则（称为提丢斯—波得定则）。以下表格中列出了太阳系九大行星以及小行星带的距日距离，小行星带就是各个碎片没能成功凝聚成团的例外情况。

行星名称	与太阳之间的距离，以地日距离的倍数计	每颗行星到太阳的距离与所列行星到太阳的距离之比
水星	0.387	
金星	0.723	1.86
地球	1.000	1.38
火星	1.524	1.52
小行星带	大约 2.7	1.77
木星	5.203	1.92
土星	9.539	1.83
天王星	19.191	2.001
海王星	30.07	1.56
冥王星	39.52	1.31

最后一栏的数字十分引人深思。尽管有一些波动，但很明显没有一个

远超于 2 的，所以我们可以大致归纳出一个规则：每一个行星轨道的半径大约是它与太阳之间离它最近的行星轨道半径的 2 倍。

卫星名称	与土星之间的距离，以土星半径的倍数计	左栏中相邻两个距离之比
土卫一	3.11	
土卫二	3.99	1.28
土卫三	4.94	1.24
土卫四	6.33	1.28
土卫五	8.84	1.39
土卫六	20.48	2.31
土卫七	24.82	1.21
土卫八	59.68	2.40
土卫九	216.8	3.63

有趣的是，类似的规律也适用于各个行星的卫星，通过上表所示的土星的九颗卫星的相对距离能够证明这一点。

这个规律在行星的应用中出现了相当大的偏差（特别是土卫九！），但几乎可以确定，这其中一定有一种相同类型的规律性趋势。

为什么当包裹太阳的初始尘埃云中首次出现凝聚过程时，没有直接生成一颗超级大行星呢？为什么这几个大团块会在离太阳不同距离处形成呢？

想要回答这个问题，我们必须对初始尘埃云的运动模式进行更详细的调查。首先我们必须记住，所有物质体——不管是微小的尘埃颗粒、一颗小陨石，还是巨大的行星——都遵循牛顿引力定律沿着以太阳为中心的椭圆轨道运动。假设形成行星的物质之前是以直径 [1]0.0001 厘米的独立粒子

---

① 形成星际物质的尘埃颗粒的大致尺寸。

形式存在的，那么必然有大约 10^{45} 个粒子沿着不同大小和长度的椭圆轨道运动。很明显，在如此拥挤的交通中，各个粒子之间必然发生了无数次碰撞，而由于这些碰撞，整个粒子群的运动必然在一定程度上具有了组织性。这也不难理解，这些碰撞要么粉碎了"违反交规者"，要么迫使它们"绕道"进入不那么拥挤的"车道"。是什么样的法律管理着这种"有组织的"，或者说至少具有部分组织性的"交通"呢？

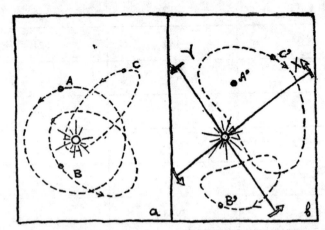

图 119　从静止坐标系（a）和旋转坐标系（b）观察圆形和椭圆形运动模式

作为解决这个问题的第一步，让我们选择一组围绕太阳的公转周期相同的粒子。这些粒子中的某些沿着特定半径的圆形轨道运动，而另一些则沿着椭率不一的椭圆轨道运动（图 119a）。现在让我们试着借助一个坐标系（X，Y）来解释不同粒子的运动模式，该坐标系与这些粒子以相同的速度围绕太阳中心旋转。

首先，从这样一个旋转坐标系的角度看，沿正圆形轨道运动的粒子（A）一定是完全静止在某一特定位置（A'）。按照椭圆形轨道围绕太阳运动的粒子 B 则会不断靠近又远离太阳，而且当它靠近太阳时，其绕中心的角速度会增加，远离时则会降低，所以，它有时会超过匀速旋转的坐标系（X，Y），有时又会落后。不难看出，从这个旋转坐标系的角度来看，粒子 B 的运动轨迹会形成一个图 119 中标记为 B' 的豆荚形的封闭轨道。另外一个沿着更加细长的椭圆轨道运动的粒子 C 则会在坐标系（X，Y）中形成一个类似但稍微大一点的豆荚形轨迹 C'。

现在就很清楚了，如果我们希望整个粒子群的运动模式不会引起任何粒子间的相互碰撞，那么所有粒子在坐标系（X，Y）中的豆荚形运动轨迹必须完全不相交。

因为拥有相同的公转周期的粒子与太阳之间的平均距离也相同，所以，坐标系（X，Y）中各个粒子的运动轨迹一定看起来像是环绕着太阳的"豆荚形项链"。

读者可能有点难以理解上述分析的目的，其实这些分析只是以一套简单的步骤，大致证明了遵循非交叉交通规则模式的粒子的距日平均距离是相同的（因此公转周期相同）。由于包裹着初始太阳的尘埃云中存在各种各样不同的平均距离及相应的不同公转周期，其中的情况肯定更为复杂。比起仅仅一条"豆荚形项链"，实则一定有大量这样的"项链"一层套一层地以不同的速度旋转。魏茨泽克对这种情况进行仔细分析后证明，这样的系统要想达到稳定状态，每条"项链"应该包含 5 层独立的漩涡系统，这样就势必会形成图 120 所示的运动。这样的排列方式可以确保每组独立套环内的"交通安全"，但是，由于它们的旋转周期各不相同，套环与套环之间一定会发生"交通事故"。分属两组套环的粒子会在两组套环的边界区域发生大量碰撞，这势必会导致凝聚过程，使得团块在这些特定的距日距离处越长越大。就这样，每组套环在此过程中逐渐变得稀薄，物质逐渐在其边界处积累，直到最终形成行星。

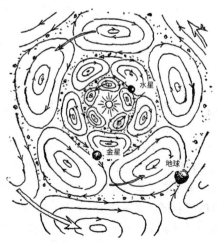

图 120　初始太阳包层中的灰尘交通车道

上述行星系统形成过程的图解用一种简单的方式向我们解释了支配行星轨道半径的旧定律。事实上，通过简单的几何研究就可以证明，在图120所示的模式中，相邻套环之间的半径形成一个简单的几何级数，每一个都是前一个的两倍大。同时，我们也可以看出为什么这个规律无法做到十分精确。因为，它并不是支配初始尘埃云中粒子运动的严格定律，而是尘埃交通不规则运动过程中的某种特定趋势。

我们太阳系中不同行星的卫星也遵循着相似的规律，这表明卫星形成的过程大致沿着同样的轨迹。包裹着太阳的初始尘埃云破裂成各个粒，进而形成行星。卫星形成的过程与该过程相同——大多数的物质聚集在中心区域形成行星的主体，剩下的物质围绕着行星旋转并逐渐凝结成若干卫星。

尽管我们对尘埃粒子的相互碰撞和此消彼长进行了种种讨论，但却还没有提及初始太阳包层中占据了太阳总质量99%的那部分气体发生了什么。这个问题的答案比较简单。

当尘埃粒子相互碰撞并形成越来越大的物质团块时，无法参与这一过程的气体逐渐消散到了星际空间中。通过比较简单的计算就能得出，这一耗散过程所需的时间约为1亿年，这大约与行星的生长周期相同。因此，当行星最终形成时，形成初始太阳包层的大部分氢和氦肯定已经逃离了太阳系，只留下极微量的痕迹形成了上面提到的黄道光。

魏茨泽克理论的一个重要结论是，行星系统的形成不是一种特殊事件，它适用于几乎所有的恒星形成过程。这种观点与碰撞理论的结论形成了鲜明对比，碰撞理论认为行星的形成过程在宇宙历史上是非常特殊的。事实上，根据计算得出的恒星相撞形成行星系统的概率极低，在拥有400亿颗恒星的银河系恒星系统的几十亿年历史中，也只可能出现过少数几次这样的碰撞。

依照这种情况来看，如果每颗恒星都拥有一个行星系统，那么，仅在我们的银河系内就一定有数百万颗行星，其物理条件与我们的地球几乎一样。如果生命——甚至是最高形式的生命——未能在这些"宜居"的世界中发展起来，那多多少少是有些奇怪的。

其实，正如我们在第九章提到的那样，最简单的生命形式实际上只是以碳、氢、氧和氮原子为主要成分的复杂分子，比如不同种类的病毒。因为任何新形成的星球表面都一定富含这些元素，所以，在地球形成了固体地壳并从大气降水中获得了充足的储水量后，迟早会有那么些必要的原子偶然按照必要的顺序结合在一起，生成几个这种类型的分子。当然，活分子的复杂性必然会影响它们的形成，这相当于直接晃动装满拼图的盒子，并希望它们偶然地按照正确的次序重组起来。同时，别忘了庞大数量的原子会不断相互碰撞，因此需要极长的时间才能实现必要的结果。地壳形成后不久，地球上就出现了生命，这一事实表明，虽然看似不太可能，但依靠偶然概率形成一个复杂的有机分子可能只需要几亿年的时间。一旦行星表面出现了最简单的生命体，就会发生有机繁殖以及进化过程，从而形成越来越复杂的生命体[1]。我们无法断定在其他"宜居"行星上，生命的进化轨迹是否与地球上的一样。研究不同世界的生命将从本质上帮助我们理解进化过程。

虽然我们也许可以在不久的将来通过"核动力宇宙飞船"前往火星和金星，研究这些行星上的生命形式，但距离我们成千上万光年的恒星世界中是否存在以及存在什么形式的生命这一难题，可能会永远成为科学上的未解之谜。

2. 恒星的私生活

我们已经大致了解独立恒星的行星家族是如何产生的，现在，我们可以问问自己关于恒星本身的问题了。

恒星的生活史是怎样的？它诞生的细节是什么？它在漫长的生命中经历了怎样的变化，又将引来怎样的结局？

我们可以先从太阳入手研究这个问题，它是构成银河系系统的数十亿颗恒星中一名相当典型的成员。首先，我们知道太阳是一颗相当古老的恒星，因为根据古生物学的相关数据，它在几十亿年的时光中始终以恒定的亮度闪耀着，供养着地球上生命的发展。普通的能源可无法如此长久地提供能量，太阳辐射的问题也确实一度是科学中最令人费解的谜题之一，直到人们发现了元素的放射性转换和人工转换才揭露了隐藏在原子核深处的巨大的能源。我们已经在第七章了解到，几乎每种化学元素都是蕴含着巨大能量的炼金术材料，只需将这些材料加热到几百万度，就能释放出其中的能量。

---

[1] 读者可以在作者的《地球传记》一书中找到更多关于地球上生命的起源和进化的详细讨论。

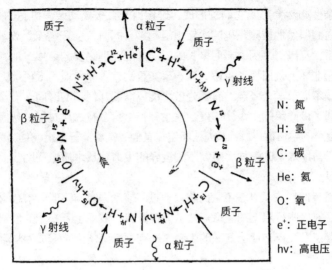

图 121　太阳能产生所依赖的循环核反应链

虽然地球上的实验室几乎无法获得如此高温，但它在恒星世界中却非常普遍。比如，太阳表面的温度只有 6000 摄氏度，但温度随着深度逐渐增加，在太阳中心处达到 2000 万摄氏度。通过观察太阳表面的温度以及该温度滋生的表面气体的热传导性，就能算出这一数字。同样地，如果我们知道某个热土豆表面的温度以及土豆的导热系数，即使不切开它也能算出它的内部温度。

结合太阳中心温度的相关信息和各种核转变反应速率的已知事实，就能找出给太阳供能的是哪一种特定的反应。这个名为"碳循环"的重要核转变过程是由两位对天体物理问题产生兴趣的核物理学家同时发现的：H. 贝特（Bethe）和 C. 魏茨泽克。

负责太阳产能的主要热核反应并不是一个单一的核转变过程，而是由一系列相互关联的转变过程组成的，也就是我们所说的：反应链。这一系列反应是一个闭合的环状反应链，每走完六个步骤就会回到起点，这是它最有趣的特点之一。从图 121 所示的太阳反应链示意图中，我们可以看出，这一系列反应的主要参与者是碳和氮的原子核，以及它们碰撞所产生的滚烫质子。

比如，该反应从普通的碳原子（C^{12}）开始，可以看出，其与质子碰撞后形成了较轻的氮同位素（N^{13}），并以 γ 射线的形式释放了某种亚原子能。

核物理学家们都熟知这个特殊的反应，并且能够在实验室条件下通过使用人工加速的高能质子重现。N^{13} 的原子核不稳定，它会通过释放一个正电子或带正电的 β 粒子将自身转换为稳定的、较重的碳同位素（C^{13}），普通煤炭中也含有少许这种碳同位素。接着，另一个热质子撞击了这种碳同位素，转化成了普通的氮（N^{14}），并产生了强烈的 γ 射线。现在，N^{14} 的原子核（从这里开始环状反应链也很容易）与另一个热质子（第三个）发生碰撞，并产生了不稳定的氧同位素（O^{15}），O^{15} 会很快通过发射一个正电子变成稳定的 N^{15}。最后，N^{15} 通过接收第四个质子而分裂成两个不相等的部分，其中一个是反应链起点的 C^{12}，另一个是一个氦核，也就是 α 粒子。

现在我们可以看出，在这个循环反应链中，碳和氮的原子核永远在不断地再生，按照化学家们的说法，它们只是充当了催化剂。反应链的最终结果是通过先后进入循环的四个质子生成了一个氦核，也就是说，我们可以将整个过程解释为氢在高温诱导及碳和氮的催化作用辅助下转变为氦的过程。

贝特证明了他的反应链在 2000 万摄氏度下释放的能量与太阳辐射的实际能量一致。由于其他所有可能的反应都无法得出与天体物理学证据相符的结果，可以肯定碳—氮循环确实是太阳能产生的主要反应。值得注意的是，在太阳的内部温度下，完成图 121 所示的循环需要大约 500 万年，也就是说 500 万年后，最初进入反应的每个碳（或氮）核又将以初始时的崭新姿态重新登场。

考虑到碳在这一过程中所起的基本作用，关于太阳的热量来自煤的原始观点还真显得有那么点道理——只不过我们现在已经知晓，"煤"扮演的角色不是真正的燃料，而是传说中可以涅槃的凤凰。

这里需要特别注意，虽然太阳的产能反应速率基本由太阳中心的温度和密度决定，但太阳中氢、碳和氮的含量也会从某种程度上影响该反应速率。此推论一出，立刻反映出了一种分析太阳气体结构的方法：通过调整相关反应物（实际参与反应的物质）的浓度来精确匹配太阳的亮度。M. 史瓦西最近根据这种方法进行了计算，结果显示，太阳物质中超过一半是纯氢，纯氦的含量略少于一半，剩下那极小的一部分是由其他所有元素组成的。

我们可以很容易地将太阳能量产生的相关解释扩展到大多数恒星上，并得出结论：不同质量的恒星拥有不同的中心温度，因此产生能量的速率也不同。比如，这颗名为波江座40C的恒星质量大约为太阳的1/5，它的亮度仅为太阳的1%。而通常被称为天狼星的大犬座 α 星A比太阳重约2.5倍，所以比太阳亮约40倍。也存在像天鹅座Y380这样比太阳重约40倍、亮几十万倍的巨星。这些例子中，更大的恒星质量与更高的亮度之间的关系可以完美地通过更高的中心温度引起的"碳循环"反应速率增加来解释。我们还可以从恒星"主星序"中看出，随着质量的增加，恒星半径逐渐增加（从波江座O_2C为太阳半径的0.43倍增加到天鹅座Y380为太阳半径的29倍），恒星平均密度逐渐降低（波江座O_2C的密度是2.5，太阳的密度是1.4，天鹅座Y380的密度只有0.002）。图122所示的图表中收集了一些关于主序恒星的数据。

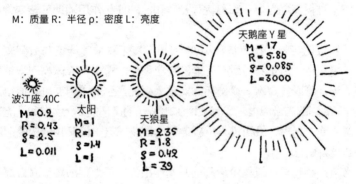

图 122　恒星的主星序

除了半径、密度和亮度由其质量决定的恒星之外，天文学家发现宇宙中还存在某些完全不遵循这种简单规律的恒星。

首先是名为"红巨星"（red giant）和"超巨星"（supergiant）的恒星，尽管它们与亮度相同的"正常"恒星具有等量的天体物质，但它们的线性维度要大得多。在图123中，我们展示了一组异常的恒星示意图，其中包括大名鼎鼎的五车二、室宿二、毕宿五、参宿四、帝座和御夫座等。

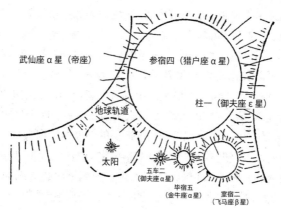

图 123 巨星和超巨星与我们的行星系统的大小对比

　　显然，这些恒星的主体由于某种我们无法解释的内力作用膨胀到了几乎难以置信的庞大尺寸，导致它们的平均密度大大低于所有正常恒星的密度。

　　与这些"膨胀"的恒星相反，另一组恒星的直径则大幅度缩小了。这类恒星中的其中一种叫作"白矮星"（white dwarf）①，其与地球的对比如图 124 所示。"天狼星伴星"的质量几乎等于太阳的质量，但却只比地球大 3 倍，因此，它的平均密度一定比水的密度高大约 50 万倍！几乎可以确定，白矮星代表了恒星演化的晚期阶段，也就是恒星消耗掉了所有可用的氢燃料的阶段。

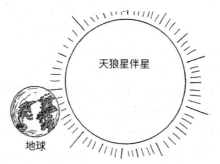

图 124 白矮星和地球的对比

---

① "红巨星"和"白矮星"这两个术语的起源与它们的表面亮度有关。由于质量稀薄的恒星具有非常大的表面来辐射其内部产生的能量，它们的表面温度相对较低，呈现红色。相反，质量高度浓缩的恒星表面势必非常热，也就是说，达到了白热化。

正如上文中提到的，恒星的生命来源于将氢缓慢地转化为氦的炼金反应。因为由扩散的星际物质凝结而成的年轻恒星中含有超过总质量50%的氢，所以我们可以以此推论出恒星的寿命非常长。比如，根据观测到的太阳亮度可以算出其每秒消耗的氢大约为6.6亿吨。因为太阳的总质量是2×10^{27}吨，且其中一半是氢，所以我们可以算出太阳的寿命一定是15×10^{18}秒，也就是大约500亿年！而太阳现在只有三四十亿岁[①]，所以它还是非常年轻的，并且可以保持与目前近似的亮度继续闪耀几十亿年。

但质量越大、亮度越高的恒星消耗初始氢供应的速度就越快。比如，天狼星的重量是太阳的2.3倍，它原本含有的氢燃料是太阳的2.3倍，但它的亮度却是太阳的39倍。在给定的时间里，天狼星消耗的燃料是太阳的39倍，而最初的供应量只有太阳的2.3倍，因此天狼星将在30亿年的时间内耗尽所有的燃料。在更明亮的恒星——比如天鹅座 γ（质量是太阳的17倍，亮度是太阳的3万倍）中，初始氢供应只能维持不超过1亿年。

当一颗恒星的氢气供应耗尽时会发生什么？

由于在恒星漫长的生命过程中维持其基本不变的核能源已经消失，恒星的主体必然会开始收缩，密度会持续增加。

天文观测显示宇宙中存在大量这样的"萎缩恒星"，其平均密度超过水的密度几十万倍。这些恒星仍然非常热，它们的表面温度很高，所以会发出耀眼的白光，与主星序中普通的淡黄色或红色恒星形成鲜明对比。但是，因为这些恒星的体积非常小，所以它们的总亮度相当低，亮度只有太阳的几千分之一。天文学家将这些恒星演化的晚期阶段称为"白矮星"，白矮星这个术语同时包含了几何尺寸和总亮度层面的意义。随着时间的推移，白矮星白炽状态的天体将逐渐失去亮度，最终变成普通天文观测手段无法观察到的巨大冰冷物质团块——"黑矮星"。

但是，需要特别注意的是，耗尽重要的氢燃料的年老恒星并不总是安静而有序地进行收缩和逐渐冷却的过程，在它们生命的"最后一程"，这些垂死的恒星常常遭受巨大灾变，宛如是在反抗自己的命运。

这些名为新星和超新星爆炸（novae and supernovae explosion）的灾变是恒星研究中最令人兴奋的主题之一。在几天之内，一颗之前似乎与宇宙中所有恒星没有差别的恒星的亮度突然暴增几十万倍，表面变得异常灼热。

[①] 根据魏茨塞克夫斯的理论，太阳肯定是在行星系统形成之前不久形成的，而且我们估算的地球年龄大约也是这个数量级。

对这种亮度暴增的光谱变化进行研究后，人们发现这颗恒星的主体正在迅速膨胀，其外层正在以大约每秒 2000 千米的速度扩张。但是，亮度的增加只是暂时的，在经过峰值之后，恒星会缓慢地稳定下来。恒星爆炸后通常需要大约一年的时间才能恢复到原本的亮度，虽然要观测到这种微小的恒星辐射变化需要更长的时间间隔。尽管恒星的亮度又恢复了正常，但它的其他性质就不一定了。参与了爆炸中快速膨胀阶段的恒星大气的一部分会继续向外运动，导致恒星被一个直径逐渐增大的发光气层包围。关于恒星本身永久变化的证据至今依然相当模糊，因为人们只拍摄到一次恒星在爆炸前的光谱照片（御夫座新星，1918 年）。而且这张照片很不完美，所以由此推断出的新星爆炸前期的恒星表面温度和半径具有很高的不确定性。

通过观测所谓的超新星爆炸可以得到关于恒星内部爆炸结果的较好佐证。在我们的恒星系统中，几个世纪才会发生一次这样的巨大恒星爆炸（而普通新星爆炸每年大约发生 40 次），其亮度比普通新星爆炸高出几千倍。超新星爆炸的最高亮度与整个恒星系统发出的总亮度相当。第谷·布拉赫（Tycho Brahe）在 1572 年观测到的一颗明亮日光下都能看见的恒星和中国天文学家在 1054 年记录下的某颗恒星都是我们银河系恒星系统中超新星爆炸的典型例子，伯利恒之星 [1] 可能也是。

1885 年，人类观测到了第一个银河系外的超新星爆炸，它来自我们隔壁的仙女星系恒星系统，其亮度比人类在该星系中观测到的所有新星爆炸的亮度高出 1000 倍。尽管这样的巨型爆炸比较罕见，但是近些年针对这颗超新星的性质研究取得了相当大的进展，这多亏了巴德和兹威基（Zwicky）的观测，是他们首先意识到了新星爆炸和超新星爆炸之间的巨大差异，并对不同距离的恒星系统中的超新星爆炸展开了系统性研究。

虽然超新星爆炸和普通新星爆炸在亮度方面差异巨大，但两者在现象上依然有很多相似特征。两者的亮度快速上升随后又缓慢下降的趋势几乎遵循相同的曲线（虽然比例尺不同）。和普通新星一样，超新星爆炸也会产生一个迅速膨胀的气体壳层，但是，超新星气体壳层的质量占比要比新星大得多。事实上，新星爆炸产生的气体壳层会变得越来越稀薄并迅速溶解在周围的宇宙中，而超新星发出的气体物质会形成广阔的发光星云，包裹住爆炸发生的地方。比如，基本可以确定于 1054 年超新星爆发处观测到的"蟹状星云"就是由那次爆炸中喷出的气体形成的（见插图 VIII）。

---

[1]《圣经》中记录的耶稣降生时照亮天际的异象之星，圣诞树顶端的星星就代表伯利恒之星。

我们也有一些这颗超新星爆炸后恒星残骸的证据。观测显示，蟹状星云的正中央有一颗暗淡的恒星，根据其观测性质，这一定是一颗密度极高的白矮星。

所有这些都表明超新星爆炸的物理过程一定与普通新星爆炸的物理过程类似，只不过超新星爆炸的整体规模要大得多。

假设新星和超星的"坍缩理论"前，我们必须先问问自己，是什么原因导致整个恒星主体如此迅速地收缩。目前已经确定的是，恒星是质量巨大的灼热气体，在平衡状态下，恒星的主体完全由其内部的灼热物质的高气压支撑。只要上述"碳循环"发生在恒星中心，从其表面辐射出的能量就会被内部产生的亚原子能量补充，因此，恒星的状态不会发生明显的变化。然而，一旦氢的含量完全耗尽，就不再有可用的亚原子能量，恒星就势必会开始收缩，从而将重力势能转化为辐射。但是，由于恒星物质高度不透明，热量从内部传到表面的速度非常缓慢，这种引力收缩的过程也极其缓慢。比如，我们可以估算出，太阳半径要想缩小到当前半径的一半，需要超过 1000 万年的时间。但凡想要尝试更快的收缩速度，就会立即引发额外的引力能释放，这会增加恒星内部的温度和气体压力，并减缓收缩。从上述研究可以看出，加速恒星收缩并使其像新星和超新星爆炸那样迅速坍缩的唯一方法，就是设计出某种能够将收缩过程中恒星释放的能量从其内部移走的机制。比如，如果能将恒星物质的热传导率提升几十亿倍，收缩将以同样的比例加速，也就是说，一颗收缩的恒星将在几天内坍塌。然而，目前的辐射理论明确表明，恒星物质的热传导率是其密度和温度的函数，即使提升几十倍或者百倍也是难于登天，所以这种可能性就被完全排除了。

最近，笔者和同事申贝格（Schenberg）博士提出，恒星坍塌的真正原因是中微子的大量形成，我们在本书第七章中详细讨论过这些微小的核粒子。从中微子的描述中不难看出，它正是从坍缩恒星内部移走多余能量的最佳介质，因为恒星的整个主体对于中微子来说，就像窗玻璃对于普通光线一样透明。坍缩恒星灼热的内部是否会产生中微子，产生的数量是否足够大等问题还有待观察。

中微子发射的同时，各种元素的原子核一定会捕捉高速电子。当一个高速电子穿过原子核内部时，原子核会立刻发射一个高能中微子，电子被保留下来，将原来的原子核变成一个原子量相同但不稳定的原子核。由于不稳定，这个新形成的原子核只能存在一定的时间，并随即开始衰变，将电子和另一个中微子一同发射出去。然后，这个过程会从头开始，并引发新的中微子发射……（图 125）

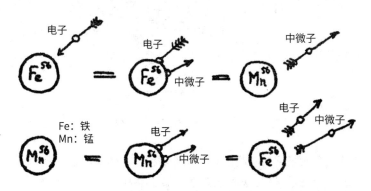

图 125 铁原子核中的乌卡过程引起的中微子无限再生

如果温度和密度足够高——正如坍缩的恒星内部那样——通过发射中微子损失的能量会非常高。举例来说，铁原子核捕获并再次发射电子能够转化为高达每秒每克 10^{11} 尔格的中微子能量。换成氧原子的话（不稳定的产物是放射性氮，衰变周期为 9 秒），每个恒星物质每秒会损失高达 10^{17} 尔格能量。后者的能量损失之高导致恒星只需要 25 分钟就会完全坍塌。

因此，不难看出，坍缩恒星灼热的中心区域中的中微子辐射可以完美解释恒星坍塌的原因。

然而，这里必须指出，虽然估算发射中微子导致的能量损失率并不难，但坍缩过程本身的研究却存在许多数学层面上的难题，因此，目前只能对这些事件做出定性解释。

可以想象，由于恒星内部缺乏气体压力，在重力的推动下，形成恒星巨大外层天体的质量会开始向中心陷落。但是，因为每颗恒星通常都处于快速自转的状态中，所以坍缩的过程并不对称，两极区域（例如分布在恒星自转轴附近）的物质率先向内陷落，并把赤道区域的物质向外推（图 126）。

图 126 超新星爆炸的早期和晚期阶段

这个过程会把之前隐藏在恒星内部深处的物质带出来，并加热到几亿摄氏度，这个高温就是恒星亮度突然增加的原因所在。随着坍缩过程继续进行，年老恒星的坍缩物质在中心凝结成致密的白矮星，而排出的物质则逐渐冷却并继续膨胀，形成了观测结果中的蟹状星云。

3. 原始混沌和宇宙膨胀

如果我们把宇宙作为一个整体来研究，迎面而来的第一个重要问题就是它在时间长河中的可能演化形式。我们一定要假设它从未改变过，并且将一直保持近似于我们目前观测到的状态吗？还是说，宇宙会不断变化，会经历不同的进化阶段？

从各种不同的科学分支收集到的经验事实来看，这个问题的答案一目了然。是的，我们的宇宙正在逐渐变化，它在被遗忘已久的过去、如今以及遥远的未来具有三种截然不同的存在状态。各门科学所收集到的大量事实进一步表明，我们的宇宙存在一个特定的开端，就是从这个开端开始，经过缓慢的演化，发展成如今的状态的。正如我们在上文中提及的，我们的行星系统已是大约几十亿年的高龄，人们用多种方向不同的独立方法估算过这一数值，但是都殊途同归。由于月球是被来自太阳的强大引力剥离地球的，月球一定也是几十亿年前形成的。

关于独立恒星演化的研究（参见上一节）表明，大多数我们现在能在天空中看到的恒星也是几十亿岁。天文学家们对恒星的基本运动模式，特别是两个和三个恒星系统之间的相对运动，以及更为复杂的名为星系团的恒星群进行了研究，并得出结论：这样的结构不可能存在了超过几十亿年。

考虑到宇宙中的各种化学元素——尤其是如钍和铀这类会缓慢衰变的放射性元素——上面的结论就更站得住脚了。如果宇宙中仍然存在这些不断衰变的元素，我们就必须假设，要么是有其他较轻的原子核一直在生成这些元素，要么这些元素是在远古过去自然形成并留存至今的最后残迹。

根据我们对核转变过程的现有知识，我们不得不放弃第一种可能性，因为即使最热的恒星内部的高温也达不到"烹制"出沉重放射性元素原子核所必需的高度。事实上，正如我们在上一节中了解到的，恒星内部的温度为几千万摄氏度，而要从较轻的元素原子核中"烹制"出放射性元素原子核则需要几十亿摄氏度。

我们必须假定重元素的原子核是在宇宙演化的某个过去时期形成的，在那个特定的时期，所有物质都处于某种极端高温中，并因此承受着高压影响。

我们还可以估算出宇宙"炼狱"阶段的大致年代。我们知道，钍和铀238的平均寿命分别是180亿年和45亿年，它们自形成以来从未出现过大量衰减，因为直到现在它们还是像其他稳定的重元素一样丰富。另一方面，平均寿命仅有5亿年的铀235的含量相当于铀238的1/140。目前丰富的铀238和钍存量表明，这些元素不可能形成了超过几十亿年，而存量较小的铀235使这个数值更精确了。也就是说，如果铀235的数量每5亿年减半一次，那么它一定已经经历了7次这样的周期，也就是需要35亿年才能将其存量降至1/140。

这个通过纯粹的核物理数据得出的化学元素年龄估算值，与从纯粹的天文数据中得出的行星、恒星和恒星群的年龄估算值不谋而合！

但是在几十亿年前，一切似乎都已形成的宇宙早期状态究竟是怎样一般光景呢？那时的宇宙又发生了什么使得它变成如今这种状态？

通过对"宇宙膨胀"现象进行研究，可以得出上述问题的完美解答。我们在前一章中了解到，浩瀚的宇宙中充斥着大量庞大的恒星系统或星系，而我们的太阳只是其中一个星系——银河系——数十亿颗恒星中的一颗。并且，这些星系在我们肉眼（当然，要借助200英寸的望远镜）可见的宇宙中基本是均匀分布的。

在研究这些来自遥远星系的光谱时，威尔逊山的天文学家 E. 哈勃注意到，光谱线会稍微向光谱的红色一端偏移，且星系越是遥远，这种所谓的"红色偏移"越明显。事实上，在不同星系中观测到的"红色偏移"与星系和我们之间的距离成正比。

这一现象最合理的解释是假设所有星系都正在远离我们，并且远离速度随着和我们之间的距离增加而增加。这种解释基于所谓的"多普勒效应"，根据该效应，逐渐靠近我们的光源发出的光会向光谱的紫色一端偏移，而逐渐远离我们的光源发出的光则会向光谱的红色一端偏移。当然，想要获得明显的偏移，光源相对于观测者位置的相对速度必须极大。在巴尔的摩闯了红灯而被捕的 R.W. 伍德教授（Prof. R. W. Wood）告诉法官，因为他开车驶向交通灯，所以根据多普勒效应，那个红灯在他看来是绿色的，他这完全是在把法官当猴耍。如果法官对物理学有更多的了解，就会让伍德教授计算他必须以什么速度开车才能在红灯时看出绿色，然后，他就会因超速而被罚款！

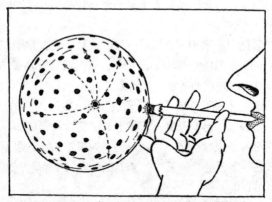

图 127　当气球膨胀时，这些波点就会彼此远离

回到在星系观测中的"红色偏移"问题，我们似乎得到了一个乍一看很不好解释的结论。看起来好像宇宙中所有的星系都在逃离我们的银河系，好像银河系是什么科学怪人似的！我们自己的恒星系统有什么可怕的特性呢？为什么它这么不受其他星系待见呢？只需稍作思考，你就能轻松得出结论：我们的银河系什么问题也没有，其他星系并没有逃离银河系，而是在彼此远离。这就像一个画满波点图案的气球（图 127）。一旦你开始吹这

个气球，它的表面就会逐渐拉伸，越来越大，各个波点之间的距离就会不断增加，所以，一只虫子不管坐在气球上的哪个位置，它都会觉得其他点正在"逃离"。而且，气球上不同波点的远离速度会随着它到虫子观察点的距离的增加而增加。

这个例子非常清楚地表明哈勃观测到的星系远离和银河系的特殊性质或位置毫无关系，仅仅是因为散落在宇宙空间中的所有星系都在均匀地膨胀。

从观测到的膨胀速度和目前邻近星系之间的距离可以很容易地计算出，这次膨胀必然始于 50 多亿年前。[①]

在此之前，我们现在称为星系的分散恒星云，正在形成如今均匀分布在整个宇宙中的恒星，而在更早的时期，恒星们被挤压在一起，向宇宙中持续不断地喷射高温气体。再往前追溯，我们会发现这些气体处于更密集、温度更高的状态，这很明显就是不同化学元素（尤其是放射性元素）形成的时期了。再往回倒退一步，我们会发现宇宙物质被死死压在第七章提到的超高密度的过热核流体中。

现在，我们可以把这些观测结果汇总起来，看看那些标志着宇宙进化发展史事件的正确顺序是怎样的。

故事始于宇宙胚胎时期，那时，我们借助威尔逊望远镜所能看到的范围（也就是半径为 5 亿光年的范围）内的所有东西都被压缩在一个半径只有太阳半径[②]八倍的球体中。但是，这种高密度状态并没有持续很久，高速膨胀必然会在最初的两秒内让宇宙密度下降到水密度的 100 万倍左右，并在随后的几小时内降至与水密度相等。大概就在这个时间点，之前连续的气体会分裂成独立的气态球体，也就是如今的独立恒星。这些恒星在不断膨胀的过程中被拉开，形成独立的恒星云，我们称之为星系，这些星系仍然在彼此远离，进入未知的宇宙深处。

现在我们可以想一想，是什么力量导致了宇宙的膨胀？这种膨胀是否

---

① 根据哈勃的原始数据，两个相邻星系之间的平均距离约为 170 万光年（或 1.6×10^{19} 公里），而它们的相对远离速度约为每秒 300 公里。那么，假设膨胀是匀速进行的，我们可以得出膨胀时间为 $\dfrac{1 \times 6 \times 10^{19}}{300} = 5 \times 10^{16}$ 秒 $= 1 \times 8 \times 10^{9}$ 年。但是，最近有资料给出了更长的估算时间。

② 核流体的密度为 10^{14} 克 / 立方米，而目前空间物质的平均密度为 10^{-80} 克 / 立方米，线性收缩为 $\sqrt[3]{\dfrac{10^{14}}{10^{-30}}} \approx 5 \times 10^{14}$，因此，目前 5×10^{8} 光年的距离在那时只有 $\dfrac{5 \times 10^{8}}{5 \times 10^{14}} = 10^{-6}$ 光年 $= 1000$ 万公里。

会停止，甚至反过来开始收缩？宇宙膨胀的物质是否有可能转向我们，将银河系、太阳、地球和地球上的人类挤压成具有超高密度的核流体？

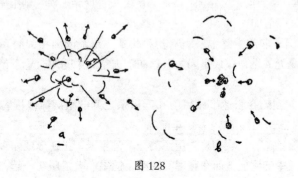

图 128

　　根据目前的最佳信息，结论是这种情况永远不会发生。很久以前，在宇宙演化的早期阶段，膨胀的宇宙打破了所有可能束缚它的锁链，现在它完全遵循惯性定律无限膨胀。我们刚才提到的"束缚"就是引力，引力总是想将宇宙中所有物质凝聚在一起，不让它们分开。

　　举一个简单的解释例子，假设我们要从地球表面向星际空间发射一枚火箭。我们知道，现有的火箭——就算是著名的 V2 火箭——都没有足以进入外太空的推力，它们总是在上升过程中被地心引力阻止。但是，如果我们能够给火箭提供足够的动力，使它以超过每秒 11 千米的速度离开地球（开发原子喷射火箭似乎可以实现这个目标），它就能挣脱地球引力顺利进入外太空，不受阻碍地继续前进。每秒 11 千米，这个速度通常被称为挣脱地球引力的"逃逸速度"。

　　假设一枚炮弹在空中爆炸，它的碎片会飞向四面八方（图 128a）。被爆炸力量抛出的碎片克服了引力的作用，四散飞出，而引力往往会把它们拉回，重新凝聚在一起。不用说，对炮弹碎片来说，万有引力的作用可以忽略不计，也就是说，引力微弱到根本无法影响碎片在空间中的运动。但是，如果这些引力更强，它们就能阻止碎片飞行，并使它们落回共同的重心（图 128b）。碎片是会返回还是会飞入无垠的远方，是由它们运动动能的相对值以及它们之间引力的势能决定的。

　　将炮弹碎片换成分离的星系，你就能大致了解前几页描述的宇宙膨胀了。但是，对于宇宙膨胀来说，单个碎片星系的质量非常大，动能 ① 相比变得至关重要，因此，只有仔细研究这两个变量，才能决定宇宙膨胀的未来。

根据星系质量的最佳可用信息可以发现，相互远离的星系的动能比它们之间的重力势能大好几倍，所以我们的宇宙会继续无限膨胀，不会有任何被重力重新拉回来的可能性。但是，我们必须记住，目前大部分关于宇宙的数据都不明确，未来的研究可能会推翻这一结论。但即使宇宙膨胀突然停下来开始收缩，那也是几十亿年之后的事儿了，正如黑人灵歌中预示的那样："当星星开始下跌"，我们会被压死在沉重的坍塌星系下！

是什么样的爆炸物让宇宙碎片以如此惊人的速度飞散？答案可能有些令人失望：也许根本不存在一般意义上的爆炸。宇宙现在正在膨胀是因为在之前的某一阶段（当然，这段历史没有留下任何记录），它从无限大收缩成了一个极其致密的状态，然后被压缩物质固有的强大弹力推动并弹开。如果你进入一间娱乐活动室，恰好看到一个乒乓球从地板上弹到空中，你会得出结论（不需要怎么思考）：球在你进入房间之前就已经从某个很高的地方落到地板上了，它是因为弹力再次跳了起来。

现在，我们可以尽情发挥想象力，打破所有局限性，然后问问我们自己，在宇宙被压缩之前，发生的一切是否都与现在的顺序相反？

如果你在 80 亿或 100 亿年前开始读这本书，你是否会从最后一页开始？那个时期的人们是否从自己的嘴里取出炸鸡，在厨房里赋予它们生命，再把它们送到农场，让它们在那里长回小鸡，最后爬进蛋壳，几周后变成新鲜的鸡蛋？尽管这些问题很有趣，但我们无法完全从科学的角度回答它们，因为宇宙压缩时会把所有物质压缩成均匀的核流体，所有关于压缩阶段之前的记录一定全被抹掉了。

---

① 虽然运动粒子的动能与它们的质量成正比，但它们的相互势能随着它们质量的平方而增加。

插图

插图 I

六甲基苯分子放大 1.75 亿倍的照片

（供图：M. L. 哈金斯博士，伊士曼柯达实验室）

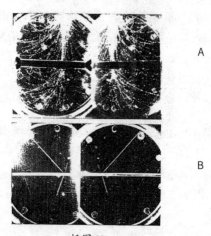

A

B

插图 II

A：起源于云室外壁和中央铅板的宇宙线簇射。形成簇射的正电子和负电子在磁场的作用下向相反的方向偏移

B：由中央铅板中的宇宙射线粒子产生的核衰变

（供图：卡尔·安德森，加州理工学院）

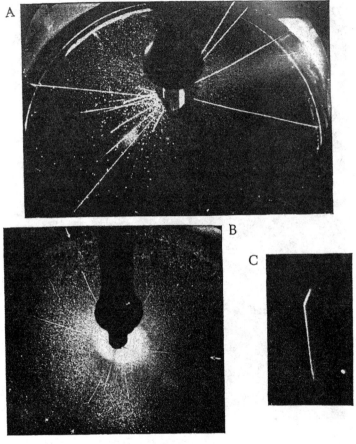

插图 III

人工加速粒子束引起的原子核嬗变。

A：氘气中的一个高速氘核撞击另一个氘核产生了氚核和一个普通氢原子（$_1D^2+_1D^2 \rightarrow _1T^3+_1H^1$）

B：一个高速质子将硼原子核撞成三等份（$_5B^{11}+_1H^1=_{32}He^4$）

C：从左边来的一个图中不可见的中子把氮原子核分裂成一个硼原子核（向上的轨迹）和一个氦原子核（向下的轨道）（$_7N^{14}+_0n^1 \rightarrow _5B^{11}+_2He^4$）

（供图：迪博士和费瑟博士，剑桥大学）

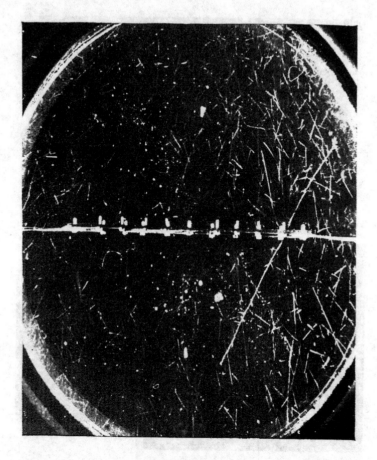

插图 IV

一张铀核裂变的云室照片。图中一个中子（当然，图中看不到）撞击了位于云室中央的薄铀板中的一个铀核。图中的两条轨迹来自两个裂变碎片，它们分别携带着约 100 兆电子伏的能量

（供图：T. K. 伯吉尔德，K. T. 布罗斯托姆，汤姆·劳里特森，哥本哈根理论物理研究所）

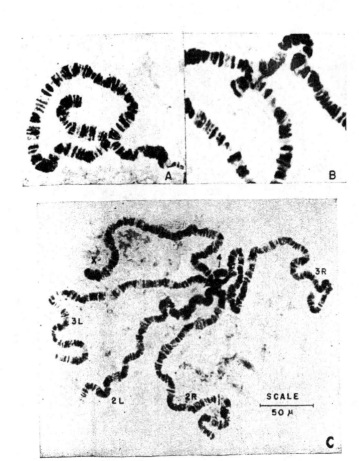

插图 V

A 和 B：黑腹果蝇唾液腺染色体的显微照片，显示了染色体的倒位和相互易位

C：黑腹果蝇雌性幼虫的染色体显微照片。X 染色体并排紧密配对；2L 和 2R 是二号染色体的左右臂；3L 和 3R 是三号染色体的左右臂；4 表示四号染色体

（出自《果蝇指南》，D. 德莫里克，B. P. 卡夫曼，华盛顿，华盛顿卡内基基金会，1945。由德莫里克先生授权使用）

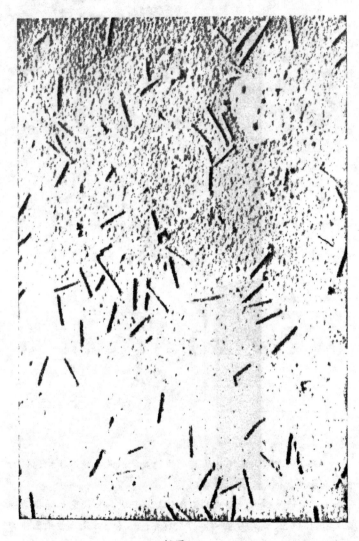

插图 VI

　　活的分子？烟草花叶病毒颗粒放大 3.48 万倍。这张照片是用电子显微镜拍摄的

　　（供图：Dr. G. 奥斯特和 Dr. M. 斯塔米）

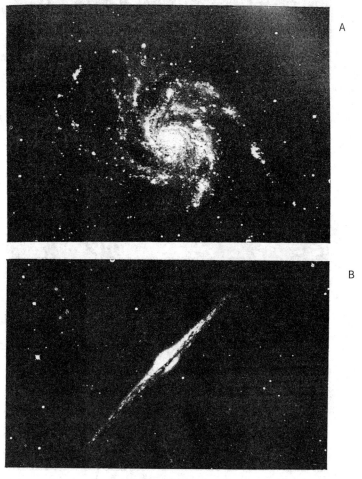

插图 VII
A：大熊座螺旋星云，一个遥远的宇宙岛。俯视图
B：后发座螺旋星云，另一个遥远的宇宙岛。侧视图
（于威尔逊山天文台拍摄的照片）

插图 VIII

蟹状星云。1054 年，中国天文学家们在天空的这个位置观测到
一颗超新星喷出的气体形成的不断膨胀的包层

（供图：W.巴德在威尔逊山天文台拍摄）